Erich Preuß

STELLWERKE
DEUTSCHER EISENBAHNEN

überarbeitet von Jürgen Krebs

seit 1870

trans
press

Einbandgestaltung: Sven Rauert

Fotos: Erich Preuß

ISBN 978-3-613-71789-3

2. überarbeitete Auflage 2026
(die 1. Auflage erschien 2012 unter der ISBN 978-3-613-71445-8)

Sie finden uns im Internet unter www.transpress.de

Produkthinweis:
Dieses Buch wurde nach den geltenden Vorschriften der General Product Safety Regulation (GPSR) entwickelt. Bei Fragen oder Problemen wenden Sie sich bitte an den Verlag unter der folgenden E-Mail-Adresse: gpsr@paul-pietsch-verlage.de

Lektor: Hartmut Lange
Innengestaltung: Jürgen Knopf
Repro: Medien und Printprodukte, 74321 Bietigheim-Bissingen
Druck und Bindung: Graspo Cz a.s., CZ-76302 Zlin
Printed in Czech Republic

Vorwort zur 1. Auflage

Vom Außenstehenden zwar weniger beachtet, findet in der Stellwerkstechnik der Eisenbahnen doch gegenwärtig eine technische Revolution statt, die Umstellung von den mitunter über hundert Jahre alten mechanischen, den etwas später eingeführten elektromechanischen Bauarten und den noch jüngeren Relaisstellwerken zu den elektronischen Stellwerken.
Verloren gehen die Vielfalt der Bauformen und manche Besonderheit, wie der mechanische Bahnhofsblock auf einigen süddeutschen Bahnhöfen. Wer meint, die »Stellwerke aus Kaisers Zeiten« seien für die angehobenen Geschwindigkeiten der Züge deshalb ungeeignet und überholt, geht fehl. Warum das nicht so ist, darauf kann in diesem Typenkompass nicht eingegangen werden. Nur so viel sei bemerkt: Die Elektronik in der Leit- und Sicherungstechnik erlaubt es, den Eisenbahnbetrieb weitgehend zu automatisieren und zu rationalisieren. Immer weniger Eisenbahner werden benötigt. Um an die Stellwerke zu erinnern, vor allem um nachschlagen zu können, werden in diesem Typenkompass die Bauarten und -formen der Stellwerke aufgeführt. Ihnen ist in den einzelnen Abschnitten das Grundsätzliche zur Bauart vorangestellt, Einzelheiten der Entwicklung sind hier daher nicht beschrieben. Wer mehr wissen möchte, sei auf die einschlägigen Bücher des Verlages verwiesen.
Wie aus den Illustrationen hervorgeht, habe ich den Herren Tino Kaden und Dirk Pfannschmidt zu danken. Genauso und vor allem für die unzähligen Hinweise auf die Firmengeschichten, besondere Bauformen und die Stellwerkstechnik im Allgemeinen bin ich noch mehr dem Fachmann der Sicherungstechnik, Christian Lohner, zu großem Dank verpflichtet. Er hat Vieles, was bald vergessen sein wird, geschickt fotografiert und mir uneigennützig die Fotos zur Verfügung gestellt sowie die Abschnitte 3 bis 6 des Manuskripts durchgesehen. Mario Fährmann gab seine kritischen Hinweise zu den Ausführungen im Abschnitt 6. Auch ihm habe ich zu danken.

Erich Preuß

Vorwort zur überarbeiteten zweiten Auflage

Der Anfang April 2014 verstorbene Fachbuchautor Erich Preuß bearbeitete die 1. Auflage dieses Titels vor rund 14 Jahren. Inzwischen entwickelte sich die Sicherungstechnik der deutschen Eisenbahnen weiter. Die Auswertung weiterer historischer Unterlagen brachte auch weitere, inzwischen fast verschollene Erkenntnisse wieder zu Tage.
Die Neubearbeitung berücksichtigt sich daraus ergebende, teils grundsätzliche Anpassungen und Überarbeitungen und beseitigt gleichzeitig einige Unschärfen der 1. Auflage wobei der populärwissenschaftliche Überblickscharakter des Buches erhalten bleibt. Sie erhebt aber auch weiterhin keinen Anspruch auf Vollständigkeit. Dies würde jeden Rahmen sprengen.
Der Abschnitt über Relaisstellwerke wurde erweitert. Hinzugekommen sind erweiterte und teils völlig neu gefasste Aussagen zur elektronischen und neuen digitalen Stellwerkstechnik.
Für die Bereitstellung von neuem und zusätzlichem Bildmaterial sowie weiteren Unterlagen bedanke ich mich bei Michael Gollmer, Frank Haupt, Andreas Krebs, Karin Krebs, Steffen Werner
Abschließend sei noch ein Hinweis gestattet. In dieser Schrift wird bei allen Personen- und Funktionsbezeichnungen aus historischer Sicht und aus Gründen der notwendigen sicherheitsrelevanten Lesbarkeit der Texte die generische Form gewählt bzw. auf eine gendergerechte Formulierung verzichtet. Sämtliche hier verwendeten geschlechtsspezifischen Ausdrücke verstehen sich daher als geschlechtsneutrale Formulierungen und inkludieren alle Geschlechter.

Barby (Elbe), im Januar 2026

Jürgen Krebs

Das mechanische Befehlsstellwerk »B 2« in Bad Freienwalde wurde 2003 in das zentrale Gleisbildstellwerk »B 1« der Bauform Gs II DR umgebaut. Bis 2020 war es als einziges Stellwerk in diesem Bahnhof noch in Betrieb.

Foto: Erich Preuß

Leipzig Hbf im März 2004: Während auf der Westseite der Zugverkehr noch vom großen elektromechanischen Stellwerk »B 3« gesteuert wurde, war auf der Ostseite mit dem einfahrenden InterCity schon das ESTW in Betrieb.

Foto: Jürgen Krebs

VORWORT 3

1. EXKURS: VON DER ORTSGESTELLTEN WEICHE
ZUM ZENTRALAPPARAT UND STELLWERK 6

2. EXKURS: EBENERDIG, TURM ODER CONTAINER? 12

3. MECHANISCHE STELLWERKE 32

4. KRAFTSTELLWERKE 74

5. RELAISSTELLWERKE 84

6. ELEKTRONISCHE UND DIGITALE STELLWERKE 114

QUELLENVERZEICHNIS 143

Etwas Geschichte

Damit die Züge von einem Gleis in ein abzweigendes übergehen können, sind Weichen erfunden worden. Ein sogenannter Antrieb, ein Gestänge, das die Weichenzungen von einer Endlage in die andere schiebt, wurde mit Hilfe eines Weichenhebels bewegt und dadurch die Schienen von der einen zur anderen Richtung umgestellt. Die Signale konnten mit Einfach-Drahtzügen oder auch mit Ketten gestellt werden.

Innerhalb der Bahnhöfe, Werkstätten und anderen Anlagen wurden in der Frühzeit der Eisenbahn Drehscheiben verwendet, die allerdings nur ein Fahrzeug aufnahmen und für die Richtungsänderung viel mehr Zeit erforderten als die Weichen und deshalb bald durch diese ersetzt wurden.

Ansonsten war auf den Bahnhöfen je nach Größe sowie Zugverkehr und Rangierbetrieb eine Vielzahl von Weichenstellern (in Bayern Wechselwärter genannt) beschäftigt, die sich ggf. untereinander über die Bedienung der Weichen verständigen mussten, aber auch fehl gehen konnten, so dass es wegen »falscher Weichenstellung« auch zu Unfällen kam.

Bei dem zunehmenden Zugverkehr war die Ortsbedienung der Weichen viel zu umständlich. In England wurde 1843 die Fernbedienung von Signalen und Weichen erfunden und um 1860 der erste »Zentralapparat« gebaut, wie die Konzentration der Weichenbedienung an einem Ort genannt wurde. Vom Zentralapparat aus stellte der Wärter die Weichen und Signale mit Hilfe von Gestängen um, die aber regelmäßig reguliert, also verlängert oder verkürzt, werden mussten.[1] Abhilfe schuf der Drahtzug, der zwar gespannt und

1 Eine Legende ist es aber, dass diese Regulierung wegen der Temperaturschwankungen notwendig war. Dagegen halfen in das Gestänge eingebaute Ausgleichshebel und der massive Zungenriegel in der Weiche.

Die Eisenbahner in Königsbrück betrachten die gefangenen russischen Soldaten (1915). Wir aber sehen das Gestänge vom Hebel zur Weiche, wie es anfangs für die Kraftübertragung üblich war und vereinzelt bis in die 1960er-Jahre Jahre blieb. *Foto: Slg. Kaden*

Der Bahnhof Raeren an der ostbelgischen Vennbahn besaß noch ein Stellwerk von Saxby mit 60 Hebeln. Die reichten durch den Fußboden und trieben über Gestänge die Weichen und Riegel an, über Drahtseile die Signale. *Foto: Lohner*

ebenfalls reguliert werden muss, den man aber im Stellwerksgebäude in ein Spannwerk einbinden konnte, oder das Spannwerk wurde im Freien aufgestellt. Das Spannwerk hält permanent den Drahtzug straff, obendrein beim Drahtbruch die Weiche in der Endlage fest bzw. bringt das Signal in die Haltstellung.

Das Stellwerk, wie der Zentralapparat bald genannt wurde, beschleunigte und rationalisierte den Betriebsablauf, denn nun entfielen die zeitraubenden Wege zu den Weichenhebeln. Im Gebäude der Zentralbedienung konnten die Hebel zunächst nebeneinander, dann schließlich übersichtlich auf einer Hebelbank angeordnet werden. Außerdem war es jetzt möglich, einen »Verschlusskasten« anzubauen und mit dessen Hilfe die Abhängigkeiten zwischen Weichen und Signal herzustellen. Ein bestimmtes Hauptsignal konnte nur dann auf Fahrt gestellt werden, wenn die zu diesem Fahrweg gehörenden Weichen die richtige Stellung einnahmen. Sie wurden in dieser Stellung auch solange festgehalten, wie das Signal »Fahrt« anzeigte.[2]

In einer Definition aus dem Jahr 1921 ist zu lesen: *»Stellwerke sind die zu einem gemeinsamen Werk zusammengefaßten Vorrichtungen zur Fernbedienung von Weichen und Signalen sowie zur Herstellung von Abhängigkeiten bei der Weichen- und Signalstellung.«*

Für große Bahnhofsanlagen waren mehrere Stellwerke mit genau abgegrenzten Bereichen und auch unterschiedlichen Funktionen notwendig, zum Beispiel für den Fahrdienstleiter oder für den Ablaufbetrieb des Ablaufberges oder andere Rangieranlagen.

Über die Jahrzehnte entwickelten sich die Stellwerkstechnik und die Sicherungsanlagen immer weiter, wobei zunehmend die Automatisierung der Betriebsabläufe und die Einsparung von Personal im Mittelpunkt stand. Denn die Größe der Stellbereiche ist von den jeweils möglichen Stellentfernungen und von der Art der Fahrwegprüfung abhängig. Da bei mechanischen und elektromechanischen Stellwerken der Bereich wegen der geringen Stellentfernungen und die Fahrwegprüfung »durch Hinsehen« auf wenige hundert Meter

2 Über Einzelheiten und die stete Verfeinerung dieser Abhängigkeiten informiert das Buch: »So funktionieren die Eisenbahn-Stellwerk« [Stuttgart 2007].

Wie man sich täuschen kann! Die acht Spannwerke auf dem Bahnhof Grünstadt spannten nicht die Drahtzüge der Weichen und Signale, sondern die des mechanischen Bahnhofsblocks. *Foto: Lohner*

Die offene Rückseite der Hebelbank für das Stellwerk 2 in Tharandt zeigt die Verbindung zwischen den Fahrstraßenhebeln und den Schubstangen. *Foto: Slg. Erich Preuß*

Im Bahnhof Güsten standen die 7 mechanischen Stellwerke der Bauform Jüdel teils dicht nebeneinander. Links im Bild befindet sich das Wärterstellwerk »Gw« an der Ausfahrt Richtung Aschersleben. In der Bildmitte ist das Ablaufstellwerk »Grw« mit der darüber befindlichen Bahnhofsdispatcherleitung zu sehen., links daneben im Hintergrund das Befehlsstellwerk »Gmi«. Das Foto wurde Ende der 1960er Jahre vom Ablaufstellwerk »Gro« aufgenommen. Alle Stellwerke gingen zwischen 1995 und 2007 - nach bis zu 110 Betriebsjahren - außer Betrieb.
Foto: Rbd Magdeburg

beschränkt ist, waren auf den meisten Bahnhöfen mindestens zwei Stellwerke notwendig.
Relaisstellwerke ermöglichten durch die Gleisfreimeldeanlagen so große Stellbereiche, dass bis auf Ausnahmen nur noch ein Stellwerk, das Zentralstellwerk, gebaut werden musste. Die Technik der Relaisstellwerke erlaubte auch die Fernsteuerung. Zentralstellwerke steuern oft mehrere Bahnhöfe und Abzweigstellen.

Mechanisch oder elektrisch?

Dass es, abgesehen von der Bauform Einheit unter den mechanischen Stellwerken, kein Standard-Stellwerk gab, lag auch daran, dass die Hersteller den Patentschutz umgehen mussten oder dass sie der unterschiedlichen Sicherungstechnik der bis 1920 bestehenden Staatsbahnen in den deutschen Bundesländern entsprechen wollten. Beispielsweise hielten die Bahnen in Baden, Bayern und Württemberg am Bahnhofsblock (= Bezeichnung der Anlage, die im Bahnhof für die Abhängigkeit zwischen Signal und Weichen sowie der Stellwerke untereinander sorgt) mit Hilfe von Drahtzügen fest, während die Bahnen der anderen Länder dafür den elektrischen Strom verwendeten. Auf die mechanische Stellwerksbauart, die es auch mit Druckluft betrieben gab, folgte die elektromechanische. Später kamen die Relaisstellwerke und zuletzt die elektronischen Stellwerke hinzu, all diese jedoch in unterschiedlichen Spielarten. Obwohl die Deutsche Bahn alle Neubauten ausschließlich elektronisch bzw digital ausführen lässt, blieben wie bei allen Eisenbahnen mit ihren Jahrhunderten altem Streckennetz Anlagen der früheren Bauarten erhalten.
Bei der elektronischen und digitalen Technik können Steuer- und Überwachungsinformationen sicher über große Entfernungen übertragen und die für die Signale, Weichen, Gleisfreimelde- und

Der Fahrdienstleiter vom Hauptbahnhof Frankenthal kann vom Zentralstellwerk auf die Bahnsteige sehen; nötig ist das nicht (2012). *Foto: Erich Preuß*

Blockanlagen benötigte Elektroenergie örtlich aus dem Landesnetz entnommen werden. Das elektronische Stellwerk kann in eine große Zahl peripherer Stellwerksteile, die in der Nähe der jeweiligen Außenanlagen angeordnet sind, aufgegliedert und damit sein Stellbereich gegenüber dem der Relaisstellwerke wesentlich vergrößert werden. Technische Grenzen setzen hier lediglich die Zahl der softwaremäßig adressierbaren »Stelleinheiten«, wie Weichen, Signale, Gleisfreimeldeanlagen, die Menge der auf den stellwerksinternen Datenleitungen zu übertragenden Informationen und die dadurch auftretenden Zeitprobleme.
100 Kilometer weite Stellbereiche gelten inzwischen als normal. Auch der Bedienplatz sowie die Betriebssteuerung können an einer weit entfernten Stelle eingerichtet, sogar durch betriebssteuernde Rechner ersetzt werden. Schon deshalb löst sich der Begriff »Stellwerk« vom Bedienplatz und bezieht sich nur noch auf die eigentliche Sicherungsanlage. Weil die Fernsteuerung ausfallen kann, werden weiter stellwerksinterne Bedienplätze vorgesehen, so dass der Begriff des elektronischen Stellwerks geblieben ist, aber sich der des Stellrechners ebenso durchsetzt.

Das Stellwerk »B2« in Thale Hbf gilt heute als das schönste Stellwerksgebäude Deutschlands und als das älteste Stellwerk in Mitteldeutschland. *Foto: Jürgen Krebs*

Zahl der Stellwerke, alle Bauarten [3]

	Deutsche Bundesbahn	Deutsche Reichsbahn		
1989	4226	3407		
1990	4189	3376		
1991	4073	3424		
1992	3999	3353		
1993	4006	3336		
	Deutsche Bahn / DB Netz / DB InfraGO			
1994	7542		2019	2557
1995	7532		2020	3846
1996	7064		2021	3842
1997	6850		2022	3849
1998	6062		2023	3833
1999	6477		2024	3831
2000	6415			
2001	6352			
2002	6175			
2003	5609			
2004	5372			
2005	5085			
2006	4736			
2007	4585			
2008	4479			
2009	4432			
2010	4302			
2011	3435			
2012	3392			
2013	3256			
2014	3090			
2015	2852			
2016	2776			
2017	2742			
2018	2636			

Mit der Leistungs- und Finanzierungsvereinbarung (LuFV) III wurde 2020 die Zählweise der Anzahl der Stellwerkstypen geändert, wodurch sich die Anzahl der Elektronischen Stellwerke deutlich und die Anzahl der Relaisstellwerke leicht erhöht hat.

Selten wurde ein Stellwerk gezeichnet, wie 1979 im Rangierbahnhof Ulm-Söflingen. Der Bansen unter der Treppe deutet auf eine Kohlenheizung hin. *Abbildung: Slg. Lohner*

Die Hochbauten

Gemeinhin ist, wenn über das Stellwerk gesprochen wird, die Betriebsstelle in einem Bahnhof gemeint, die sich in einem Bauwerk befindet, das ganz unterschiedlich ausgebildet ist und sogar nur aus einem Wagenkasten oder Container bestehen kann. Folglich ist zwischen dem Gebäude und der technischen Einrichtung bzw. seiner Umhüllung zu unterscheiden.

Wenden wir uns dem Gebäude zu. Obwohl der Bediener des Stellwerks einen Überblick über seinen Bereich erhalten sollte, wurden die ersten Bauwerke wegen der Gestänge niedrig errichtet. Als Seilzüge verwendet wurden, konnten auch hohe Bauwerke vorgesehen werden. Erst die gaben einen viel besseren Überblick über die Gleisanlagen sowie auf den Zug- und Rangierbetrieb. Solche Gebäude wurden anfangs als Türme bezeichnet, zum Beispiel finden wir in den Abkürzungen ihrer Bezeichnungen das T wie in »Ot« oder »Swt« für Ostturm bzw. Südwestturm. Hoch gebaut wurden neben den elektromechanischen auch Relais- und und einige elektronische Stellwerke. Das war zwar durch Gleisfreimeldeanlagen technisch nicht mehr notwendig, aber wegen der vorzüglichen Sicht auf die Bahnhofsanlage behielt man diese Bauform vielfach bei.

Im Stellwerksgebäude war an höchster Stelle der Bedienraum angeordnet, dessen Größe sich nach

Ein Architekturbeispiel für ein Zentralstellwerk steht auf dem Abstellbahnhof Hamburg-Langenfelde (2011). Foto: Wiesmüller

der Hebelbank richtete, die je nach der Zahl der Hebel unterschiedlich lang sein konnte. Rings um die Hebelbank sollte mindestens 1,5 Meter freier Platz sein für den Tisch mit dem Morsefernschreiber, den Kabelschrank, den Schrank für die Bekleidung und für die Beheizung des Raums.

Beim mechanischen Stellwerk lag unter dem Bedienraum der Spannwerksraum, in den die Drähte von der Hebelbank durch Tüllen im Fußboden hinabführten. Beim Relaisstellwerk konnte der Relaisraum auch neben dem Gebäude angeordnet sein. Dieses enthielt oft auch Sozial-, Werkstatt- bzw. Unterrichtsräume.

Elektromechanische Stellwerke benötigten weder einen Spannwerks- noch einen Relaisraum, sondern nur den Aufstieg zum Bedienraum, Heizung und Toilette. Deshalb konnte alles unter dem Bedienraum schmal ausfallen oder ganz weggelassen werden, was den Standort dieser Stellwerksbauten mitten in den Gleisanlagen, auch quer zu mehreren Gleisen begünstigte. So entstanden eigenartige Bauwerke als Reiterstellwerke (quer zu den Gleisen) oder als Stielbauten.

Die Architektur der Stellwerksbauten richtete sich nach den Vorschriften der Hochbaudezernate, nach den Funktionen des Stellwerks und passte sich oft den landschaftlichen Gegebenheiten an. Mitunter wurden Projekte wiederverwendet bzw. die Gebäudebauart standardisiert.

Wenn bei einfachen Verhältnissen das Stellwerk in

Stellwerke Magdeburger Bauart

In den östlichen Landesteilen Niedersachsens, in Sachsen-Anhalt und in den westlichen Landesteilen Brandenburgs befanden sich über 100 Stellwerke einer einheitlichen Bauart, der Magdeburger Bauart. Deren Bau begann in der Zeit vor dem Ersten Weltkrieg und wurde in den 1920er Jahren weitergeführt. Dabei handelte es sich nicht eine besondere Stellwerkstechnik, sondern um die Gestaltung und den Aufbau des Baukörpers. Bei der baulichen Gestaltung stand die architektonische Ausführung weniger im Mittelpunkt. Die Gebäude mussten insbesondere den Anforderungen des Eisenbahnbetriebes genügen. Beim Bau war von Anfang an Rücksicht darauf zu nehmen, dass die Gebäude häufig schon nach kurzer Frist wieder beseitigt werden müssen, weil bei Bahnhofserweiterungen der Platz, auf dem sie stehen, für Gleiserweiterungen benötigt wird. Deshalb sah man einen massiven Unterbau mit Fachwerkaufbau, der auf Grund klimatischer Verhältnisse mit Holz oder Schiefer verkleidet wurde, als die ansprechendste und zweckdienlichste Lösung an.

Die Beamten des Hochbaudezernats der Magdeburger Direktion machten nicht den Fehler, Stellwerke dem Geschmack der Architekten oder dem Zeitgeschmack zu unterwerfen, da dies bei Stellwerken unangebracht, ja sogar gefährlich war. Stellwerke wurden nicht für die Bequemlichkeit und Wohnlichkeit eines Einzelnen geschaffen, wie eine Wohnung oder ein anderer Arbeitsraum. Man ging aber auch davon aus, dass beim Stellwerk eine schlechte Einrichtung sogar direkt eine Betriebsgefahr herbeiführen kann.

Bei der Wahl des Gebäudestandortes und der Gestaltung des Stellwerkraumes gingen die Magdeburger Entwurfsverfasser von dem Grundsatz aus, dass der Fahrdienstleiter oder Weichenwärter eine hervorragende Übersicht über seinen Bezirk haben muss. Er musste von seinem Standort aus jede Weiche und nach Möglichkeit auch jedes Signal unmittelbar sehen können. Der Wärter musste, ohne viele Schritte zu machen, alle seine Weichenhebel bequem zur Hand haben. Deshalb sollte der Stellwerksraum eine möglichst kleine Grundfläche haben. Da jedes mechanische oder elektromechanische Hebelwerk rechteckig ist, sollte auch der Grundriss des Stellwerkgebäudes die gleiche Form haben.

Großen Wert legte man auf die Anordnung und Gestaltung der Fenster. Um Zerrbilder durch gebogene Fenster und störende breite Pfeiler durch abgeschrägte Ecken zu vermeiden, baute man in einer rein rechteckigen Grundrissform mit besonders schmalen Eckpfosten. Hier kam den Planern die konsequente Verwendung des Stahlfachwerks entgegen. Die Fenster mussten so gestaltet sein, dass der Wärter einen guten Ausblick hatte, aber gleichzeitig vor Sonneneinstrahlung geschützt war. Dabei wurden Fenstersprossen in Augenhöhe des Wärters vermieden. Gewöhnliche Fenster, wie sie in anderen Direktionen immer wieder eingebaut wurden, galten von Anfang an als ungeeignet. Entsprechend den Proportionen eines normalen Mannes wurde die Oberkante der Fenster bei 1,90 Meter über Fußboden festgelegt. Bei einem unmittelbar über den Fenstern liegenden Dachüberstand von 0,60 Meter konnte auch ein zusätzlicher Sonnenschutz entfallen. Das Normalfenster, mit nur einem Flügel in der Mitte, hatte eine Breite von 1,40 Meter. Der Flügel war entsprechend der Schulterbreite eines Mannes 0,43 Meter breit. Die Unterkante des Fensterflügels legte man als Absturzsicherung auf 1,00 Meter über Fußboden fest. Unter dem Flügel wurde das Fenster noch soweit heruntergezogen, dass die Fensterbank die Sicht auf Gleise und Weichen nicht beeinträchtigt. An den Längsseiten betrug die Brüstungshöhe meist 0,70 Meter, an den Giebelseiten insbesondere, wenn dort Gleise und Weichen zu beobachten waren, nur 0,45 bzw. 0,50 Meter über Fußboden.

Das Stellwerk »Sst« in Schönebeck war das erste Stellwerk dieser Bauart. Es ging auch als »Stellwerk mit zweckmäßiger Fensterausbildung« in die zeitgenössische Fachliteratur ein.
Foto Röll, Enzyklopädie des Eisenbahnwesens

Leider wurden diese Grundsätze bei neuzeitlichen Umbauten und Sanierungen vielfach nicht berücksichtigt, da sie offenbar nicht mehr bekannt waren.
An Stellwerken, die längs zu den Gleisen gebaut wurden, plante man in der Regel zur Gleisseite einen Erkerausbau. Von dort aus konnte der Wärter die ein- und ausfahrenden Züge gut übersehen und sich auch mit dem Rangier- und Lokomotivpersonal durch Zuruf leicht verständigen.
Da mit zunehmender Länge des Raumes die Sicht des Wärters von seinem Standort aus abnimmt und mit zunehmender Breite die Wege des Wärters vom Hebelwerk zur Sichtfront unnötig vergrößert werden, war es nicht möglich, die in Längsrichtung zum Gleis stehenden Stellwerke beliebig lang zu bauen. Deshalb wurden die größeren Stellwerke der Magdeburger Bauart auch als Brückenstellwerke sowie in Pilzform auch quer zu den Gleisanlagen gebaut.
Die Raumhöhe war auf 2,50 Meter festgelegt, da der zur Verfügung stehende Luftraum für eine Person ohnehin schon reichlich bemessen war. Die Umfassungswände im Obergeschoss sollten möglichst schwach sein, damit auch bei schräger Durchsicht die Sichteinschränkungen minimiert werden. Massive Wände oder starke Rahmen aus Eisenbeton schieden dabei genauso aus wie Holzfachwerk. Die Lösung war ein Eisenfachwerk mit einer angemessenen Wärmedämmung. In Gebirgsgegenden mit rauen klimatischen Bedienungen, wie beispielsweise am Harz, hat sich eine zusätzliche Holzverkleidung bis über die Fensterhöhe bewährt. Das Eisenfachwerk bot aber noch einen weiteren Vorteil. Da es sich um standardisierte Feldgrößen handelte, konnte es bei einem möglichen Abbruch des Stellwerkes infolge einer Umgestaltung der Bahnanlagen beim Bau von anderen Stellwerken der Magdeburger Bauart weiterverwendet werden. Beim Fachwerk verwendete man einfache T-Träger, damit im Inneren des Stellwerksraumes kein Eisen als Kältebrücke heraustritt.
Die Dächer der Stellwerke wurden als steile Ziegel- oder Schieferdächer mit 45-Grad-Neigung und einem Überstand von 0,60 Meter ausgebildet. Zog man die Traufe bis zwei Meter über Fußboden herunter, bot sich mit einfachen Mitteln ein vollkommen wirksamer Sonnenschutz, der mit horizontalen Betondächern nicht erzielt werden kann. Flachdächer hatten weiterhin den Nachteil, dass sie den Stellwerkraum im Sommer sehr warm und im Winter recht kalt halten. Steile Dächer bewirken das Gegenteil, da sich über dem Stellwerksraum ein großer Luftraum befindet, in den der Stellwerkraum selbst noch durch eine verstellbare Klappe in den Dachraum entlüften kann.
Im Bezirk der Eisenbahndirektion Magdeburg wurden unter Beachtung dieser Richtlinien, die auf jahrelangen Erfahrungen und Beobachtungen basierten, zwischen 1900 und 1930 mindestens 96 Stellwerke in Seitenlage, 7 in Pilzform und 4 Brückenstellwerke als mechanische und elektromechanische Stellwerke in unterschiedlicher Größe gebaut. Sie wurden den Anforderungen des Betriebes gerecht, bewährten sich in jeder Weise und waren fast im gesamten Direktionsbezirk zu finden. [23]

Stellwerk »Bwf« - Baujahr 1924 - im Bahnhof Barby (2022). An der Seitenwand sind noch die Überreste der weißen Raute zu erkennen, mit der die Fahrdienstleiterstellwerke gekennzeichnet waren. Auch hier fällt die Brüstungshöhe an der Giebelseite niedriger aus. (oben)

Foto Jürgen Krebs

Der Bahnhof Magdeburg-Buckau erhielt beim Umbau in den 1920er Jahren ausschließlich Stellwerke der Magdeburger Bauart. Im Bild sind das Brückenstellwerk »Br«, das Pilzstellwerk »Bmf« und der Bremsturm »Bgl« zu sehen. (links)

Foto RBD Magdeburg, Sammlung Krebs

Vom Pilzstellwerk »Enf« (Magdeburger Bauart) des Bahnhofs Eilsleben (b Magdeburg) hatte der Fahrdienstleiter eine gute Sicht auf die beiden Bahnhofsteile Güterbahnhof und Personenbahnhof (1993). *Foto: Erich Preuß*

Der Bahnhof Herne erhielt 1913 ein neues Ablaufstellwerk, »Mt« = Mittelturm als Reiterstellwerk (1926).
Foto: Slg. Stadtarchiv Herne

Das Gebäude steht am Nordkopf des Rangierbahnhofs Gremberg und enthält ein elektromechanisches Stellwerk. *Fotos (2): Lohner*

Von diesem Stellwerk erhält der Fahrdienstleiter eine hervorragende Sicht auf die Gleise und sieht auch den Kölner Dom.

Der Fotograf stand auf dem Haus der Firma Pintsch, um die Halle des Ostbahnhofs mit dem aufgeständerten Befehlsstellwerk »B1« aufzunehmen (1984). Wir sehen auf die Grenzmauern am Osthafen (rechts), der Fahrdienstleiter auf den westlichen Bahnhofskopf. *Foto: Emersleben*

An das Brückenstellwerk »Bkb« aus dem Jahr 1937 in Bingerbrück schließt eine Fußgängerbrücke an.
Foto: Historische Sammlung der DB

Im Spannwerksraum des Stellwerks »W 4« des Bahnhofs Bischofswerda halten die Gewichte die Drahtseilzüge straff (2001).

Foto: Kaden

Aus dem Zentralstellwerk in Rastatt hat der Fahrdienstleiter einen Panoramablick (2008).

Foto: Emersleben

Viel Platz lässt das Lichtraumprofil über dem Gleis diesem Stellwerk in Bremen Hbf nicht (2005). *Foto: Emersleben*

Sofern immer nur ein Zug verkehrte, reichte die Sicht vom zweiten Geschoss auf die Gleisanlage (2012).
Foto: Erich Preuß

das Empfangsgebäude des jeweiligen Bahnhofs gelegt werden sollte, wurde es möglichst in einem Vorbau auf der Gleisseite nach vorn geschoben. Diese Anordnung des Stellwerks empfahl sich, wenn der Fahrdienstleiter gleichzeitig auf den Bahnsteigen die Aufgaben der Aufsicht übernehmen sollte. Bei mechanischen Stellwerken mussten dann die Spannwerke als Außenspannwerke im Freien aufgestellt werden. Auch Kurbelwerke kamen in Vorbauten (verbreitet in Sachsen) oder waren separat angeordnet. Das Befehlswerk des Fahrdienstleiters befand sich mitunter ohne Umhüllung an einer Wand des Bahnhofsgebäudes. Dies, sowie die Platzierung von Schlössern sollte anregen, die Fahrwegprüfung »durch Augenschein« auch tatsächlich so auszuführen.

Für die Relaisstellwerke, meist Zentralstellwerke, kamen von den Architekten mitunter kühne Entwürfe, die die Rolle dieser wichtigen Schaltstelle im Bahnhof zeigen sollte. Kanzeln zur Beobachtung des Zugverkehrs und Rangierbetriebs durften nicht fehlen, obwohl sie unnötig waren, weil der Gleisbildtisch alle Vorgänge zeigt und der Fahrdienstleiter sich nicht mehr vom Fenster aus, sondern über Funk mit den Beteiligten verständigt. Symptomatisch sind die gespreizten Kanzeln auf dem Hauptbahnhof Osnabrück, deren Fenster durch große Panoramatafeln verdeckt, für den Regelbetrieb nicht benötigt werden.

Im elektronischen Stellwerk können Fenster auch zu unerwünschten Reflexionen auf den Monitoren oder direkten Blendungen führen. Vielfach sind die Bedienplätze vom Stellwerk getrennt. So wird beispielsweise das Stellwerk in Görlitz im Regelfall aus der Betriebszentrale Leipzig bedient. Für das Stellwerk genügt ein einfaches Gebäude, oft fensterlos, aber mit einer Klimaanlage versehen, irgendwo auf dem Bahngelände.

Wo der Fahrdienstleiter im elektronischen Stellwerk tätig ist, namentlich bei Stellwerken der Regionalnetze, werden Container mit Fenstern aufgestellt. Die Fenster werden aber nicht zum Beobachten des Zug- und Rangierverkehrs benutzt, sondern sorgen lediglich für die zusätzliche Belüf-

Eine gute, aber nicht ganz unproblematische Rundumsicht boten die, von einem mährischen Unternehmen für die Deutsche Reichsbahn projektierten Stahlturm-Stellwerke. Im flachen Baukörper befanden sich die Relaisräume (Dresden-Reick 2001). 2025 waren noch drei Stellwerke in Betrieb. (großes Bild)
Das kleine Foto zeigt das Stellwerk in Jüterbog im Rohbau. Hier wird die Stahlkonstruktion besonders deutlich. Beides waren Stellwerke vom Typ 1. (kleines Bild)

Fotos: Erich Preuß (großes Bild)
Rbd Magdeburg, Rolf Zimmer (kleines Bild)

Stellwerks-Stahltürme bei der Deutschen Reichsbahn

In den 1970er Jahren wollte die DR Gebäude für Gleisbildstellwerke in industrieller Bauweise herstellen lassen. Dazu nahm sie sich den Projektanten Železniční stavitelství aus dem mährischen Brno und Baubetriebe der ČSD mit ins Boot.
Zuerst sollten vorerst 24 Stellwerkstürme mit zwei Kanzelgrößen gebaut werden. Der kleinere Typ 1 besaß eine Nutzfläche von 53 m², der größere Typ 2 hatte gut 70 m². Variieren konnten je nach Örtlichkeit auch die Schafthöhen. Der Standardwert lag bei 4 Etagen. Gebaut wurden auch 6 Etagen (Bad Schandau, Biederitz).

Stellwerk	Typ	IBN	ABN
Bad Schandau »B1«	2	1976	2008
Bad Schandau Ost »B1«	1	1975	2023
Biesdorfer Kreuz »Bik«	2	1978	2021
Biederitz »B2«	1	1983	-/-
Dresden-Reick »B1«	1	1976	2003
Güterglück »B1«	2	1980	-/-
Heidenau »B1«	1	1976	2001
Jüterbog »Jü«	1	1974	1999
Luckenwalde »Ld«	1	1979	1999
Oranienburg »Or«	2	1983	vsl 2026
Trebbin »Tn«	1	1979	2000

Die Stellwerkstürme in Stahlskelettbauweise sollten eine Standardlösung für Gleisbildstellwerke bei der DR werden. Bereits 1972 kam es zur Überprüfung des gesamten Stellwerksturm-Bauprogramms. Ursächlich dafür war eine um 100 Prozent höhere Kostensumme als ursprünglich geplant. Daraufhin wurden von den 24 zuerst geplanten Stellwerkstürmen 17 gestrichen. Neben diesen sieben verbliebenen Stellwerken im Elbtal und an der Strecke Berlin—Leipzig kamen später vier weitere Stahltürme in den Direktionsbezirken Berlin und Magdeburg hinzu.
Es galt auch eine Reihe betriebstechnischer , arbeitswissenschaftlicher und arbeitsmedizinischer Fragen zu untersuchen, die bis dahin ungeklärt waren. So sollte der Augenpunkt des Bedieners bei rund 6,70 Meter über Schienenoberkante liegen. Daraus ergab sich, dass die Stahlturm-Stellwerke nur bei ganz bestimmten lokalen Bedingungen und nicht als Standardlösung zum Einsatz kamen. Das Stellwerk »Bik«am Biesdorfer Kreuz wird seit der Außerbetriebnahme 2021 im Privatbesitz erhalten.

tung. Der Fahrdienstleiter sitzt hier, wie in den Betriebszentralen, vor Monitoren. Züge sieht er nicht mehr, nur farbige Linien und Protokolldrucker.

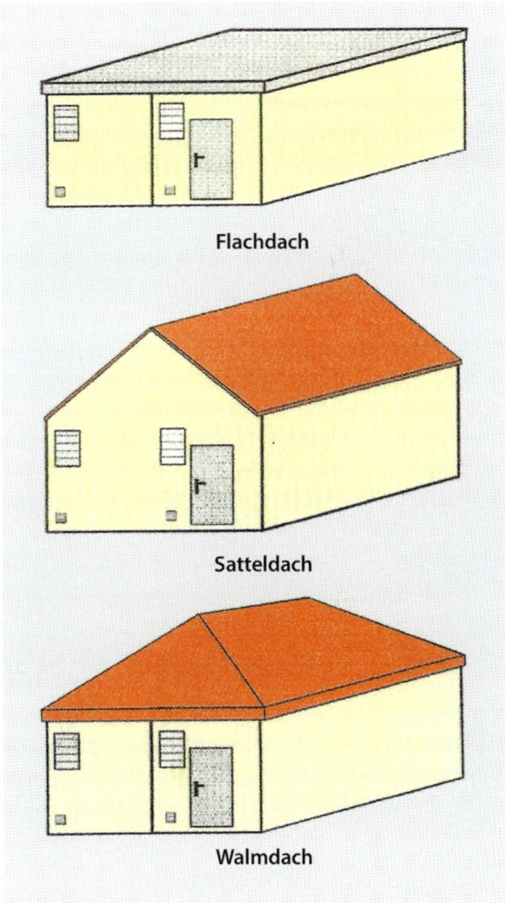

Nicht schön, aber relativ preiswert sind die Module für elektronische Stellwerke, die der Bahn angeboten werden.

Aufgaben und Bezeichnungen

In den Bahnhöfen werden die Stellwerke nach den betrieblichen Aufgaben unterschieden:
Befehlsstellwerk: das Stellwerk, von dem aus der Fahrdienstleiter den gesamten Betriebsablauf im Fahrdienstleiterbezirk lenkt und den Zug- und Rangierverkehr im Stellbereich des Stellwerks steuert und überwacht. Alle Einrichtungen zum

Der Stellwerksbau gab dem Fahrdienstleiter gute Sicht auf die Bahnhofsanlage und zwang zur Fahrwegprüfung durch Augenschein, wie hier 1985 in Unterloquitz. *Foto: Wünschmann*

Bedienen der in seinem Stellbereich liegenden Außenanlagen, zum Herstellen aller dafür erforderlichen Abhängigkeiten, die notwendigen Telekommunikationsanlagen und die ggf. vorhandenen unterstützenden Einrichtungen zur Betriebslenkung sind in dem Stellwerk installiert.
Ist der Stellbereich mit dem Fahrdienstleiterbezirk identisch, ist das Befehlsstellwerk ein Zentralstellwerk.
Sind jedoch auf dem Bahnhof weitere Stellwerke vorhanden, müssen zwischen diesen und dem Befehlsstellwerk sicherungstechnische Abhängigkeiten bestehen, und das Befehlsstellwerk wird durch Einrichtungen zum Abgeben von Befehlen und zum Empfangen von Zustimmungen ergänzt (zum Beispiel mit dem mechanischen oder dem elektrischen Bahnhofsblock). Das Fahrdienstleiterstellwerk ist nur eine andere Bezeichnung für ein Befehlsstellwerk, wird aber immer öfter verwendet, weil die Zentralstellwerke überwiegen.
Befehlsstelle: Befehlsstellwerk, bei dem der Fahrdienstleiter keine Außenanlagen bedient und dementsprechend die Betriebsstelle ohne Stelleinrichtungen ist. Die Befehlsstelle war in Sachsen verbreitet.
Das **Wärterstellwerk** ist ein Stellwerk, das bei allen Bedienvorgängen für Zugfahrten vom Fahrdienstleiter abhängig ist.

Weit verbreitet war die Anordnung des Stellwerks im Dienstraum des Fahrdienstleiters bzw. Aufsichtsbeamten, wie in Obergriesbach. *Foto: Slg. Rampp*

Rangierstellwerk: Dieses Stellwerk dient ausschließlich dem Rangierbetrieb, nicht den Zugfahrten! Es enthält alle Einrichtungen zum Bedienen und Überwachen der in seinem Stellbereich liegenden Außenanlagen, alle zwischen diesen ggf. bestehenden Abhängigkeiten sowie die erforderlichen Telekommunikationsanlagen. Finden im Bereich des Rangierstellwerks Zugfahrten statt, besteht eine sicherungstechnische Abhängigkeit vom Befehlsstellwerk, mit der der Fahrdienstleiter dem Rangierstellwerk den Zugriff auf die entsprechende Außenanlage freigibt oder sie sperrt.
Eine besondere Form des Rangierstellwerks ist das **Ablaufstellwerk**, das an einer Ablaufanlage (Ablaufberg) steht. Geläufig sind nach der Funktion der Stellwerke noch folgende Bezeichnungen:
Abhängiges Stellwerk = Wärterstellwerk;
Signalstellwerk = auf die jeweilige Zugfahrt und Signalbedienung bezogen, folglich Wärter- oder Befehlsstellwerk;
Zustimmungsstellwerk = auf die jeweilige Zugfahrt und Zustimmung im Stellbereich bezogen, ist stets ein Wärterstellwerk;
Kopfstellwerk = nach dem Standort, also an einem Ende des Bahnhofs;
Endstellwerk = wie Kopfstellwerk.

Die Stellwerke erhielten eine Bezeichnung, die im Laufe der Geschichte und bei den Eisenbahnen unterschiedlich war. In einigen Ländern wurden sie lediglich »Stellwerk«, in Sachsen Stellerei genannt und eine Zahl hinzugesetzt. Nummeriert wurden die Stellwerke und auch sämtliche Weichen fortlaufend nach der Kilometrierung des durchgehenden Hauptgleises.
In Preußen war die Bezeichnung in Buchstaben üblich, so dass der Eingeweihte auf den Standort und die Funktion des Stellwerks schließen konnte, wie »Lrm« = Langenfelde [in Altona] Rangierstellwerk, Mitte oder »Vnk« = Verbindung [Abzweigstelle] nach Kaulsdorf.
Deutsche Bundesbahn und Deutsche Reichsbahn wollten einheitliche Bezeichnungen, die sich nur auf die Funktion des Stellwerks beziehen, durchsetzen. Die Reichsbahn wählte »B« für Befehlstellwerk oder Befehlsstelle, »W« für Wärterstellwerk und »R« für Rangierstellwerk, ergänzt mit der Zahl der fortlaufenden Nummerierung, wie »B 4«, »W 2« oder »R 7«.
Wenn bei der Bundesbahn Relaisstellwerke als Zentralstellwerke in Betrieb genommen wurden, erhielten sie die Bezeichnung nach dem Anfangsbuchstaben des Bahnhofsnamens, zugesetzt das

Das Verhältnis von Bedienraum und Relais- sowie Werkstatträumen veranschaulicht das Stellwerk »Cf« von 1965 auf dem Bahnhof Celle. *Foto: Slg. Stadtarchiv Celle*

In diesem mächtigen Stellwerksgebäude von Dresden-Friedrichstadt sind die Wärterstellwerke »W 3« und »W 4« sowie das Fahrdienstleiterstellwerk »B 2« untergebracht (2011). *Foto: Kaden*

Abb. links: Die Befehlsstelle mit sächsischem Bahnhofsblock auf der Ostseite des Bahnhofs Dresden-Neustadt (2008). Foto: Kaden

Eines der größten Zentralstellwerke im Bereich der Deutschen Reichsbahn war seit 1980 das Stellwerk »Sed« in Seddin. Von dort wurden auch die Gleisbildstellwerke der benachbarten Bahnhöfe Michendorf »Mip« und Beelitz Heilstätten »Bel« sowie 4 weitere Abzweigstellen ferngesteuert.
Das darunter befindliche Ablaufstellwerk »Ro« war von 1975 bis 2014 in Betrieb. (1978) Foto: Jürgen Krebs

f für Fahrdienstleiter, zum Beispiel »Of« = Offenburg Fahrdienstleiter. Die Reichsbahn bezeichnete ihre Zentralstellwerke meist als »B 1«. Eine Ausnahme bildeten jedoch viele Zentralstellwerke im Bezirk der Reichsbahndirektion Berlin.
Weil die Umstellung der Bezeichnungen aufwändig war (Anschriften, Berichtigungen in den Bahnhofsbüchern, allen Weisungen und Plänen, und dies nicht nur auf dem jeweiligen Bahnhof), blieb es bei einem Nebeneinander von früherer bis neuer Bezeichnung.
Die elektronischen Stellwerke werden nach ihrer Funktion und dem Bahnhofsnamen benannt, zum Beispiel »ESTW-A Doberlug-Kirchhain oberer Bahnhof«. Verbreitet sprechen die Eisenbahner die Abkürzungen »ESTW-A DKO«.

Das Stellwerksgebäude »Bi« in Birkenwerder (b Berlin) ist ein Typenbau für Gleisbildstellwerke des Entwurfs- und Vermessungsbüros der Deutschen Reichsbahn. *Foto: Erich Preuß*

Monitore, unten die dunkleren für Strecke und Bahnhof, beherrschen im elektronischen Stellwerk den Arbeitsplatz des Fahrdienstleiters (St. Goar 2012). *Foto: Thales*

Erkennbar an den Drahtzügen ist die mechanische Bauart des Stellwerks »W 1« von Karow (Meckl) (2012).

Stellwerk 9 von Dresden Hbf (1949). In Sachsen ging vielfach aus der Bezeichnung keine Funktion hervor.
Foto: Slg. Erich Preuß

Preußische Bezeichnung des Befehlsstellwerks von Neugraben: »Nrf« (1975). *Foto: Wiesmüller*

Lissendorf in der Eifel: Hinter dem alten Stellwerksgebäude »Lf« (heute Museumsstellwerk) ist neben der Straßenbrücke der eher unscheinbare Bau des ferngesteuerten ESTW-A aus dem Jahr 2006 zu erkennen. (2009). *Foto: Jürgen Krebs*

Leipzig-Stötteritz, Doppelstellwerk in zwei Etagen: Oben befand sich die Befehlsstelle »B 2« und darunter das Wärterstellwerk »W 2« (2009). Das Stellwerk ist 2011 abgerissen worden. *Foto: Fährmann*

Über die Ästhetik von Dienstgebäuden und Arbeitsplätzen scheint sich niemand Gedanken zu machen, sonst hätte der Stellwerks-Container zwischen den Bahnsteigen einen anderen Platz gefunden (Spremberg 2012). *Foto: Erich Preuß*

Mechanische Stellwerke

Das äußere Merkmal dieser Stellwerksbauart ist die Hebelbank und die Bedienung der Hebel mit Hilfe der Muskelkraft. Entscheidend für den Begriff ist jedoch, dass alle erforderlichen Abhängigkeiten zwischen Weichen, Gleissperren, Riegeln und Signalen auf mechanische Weise hergestellt werden. Beim Bahnhofs- und Streckenblock wird die Abhängigkeit ebenfalls auf mechanische Weise, durch die Blocksperren, gesichert. Für jede signaltechnisch gesicherte Fahrt, die sogenannte Fahrstraße, hält die Stellwerksanlage eine Abhängigkeit bereit.

Die als Formsignale ausgeführten Haupt- und Vorsignale, die Weichen, Zungenriegel, Gleissperren werden durch Umlegen der entsprechenden Hebel gestellt. Die Drahtzugleitungen geben diese Stellbewegungen von der Seilscheibe an die Antriebe der Außenanlagen weiter.

Die Stellhebel werden im Abstand von 14 bis 20 cm auf einer Hebelbank aufgereiht. Jeder Hebel besteht aus dem eigentlichen Hebel und der Seilscheibe, um die der Drahtzug geschlungen ist. An einem Punkt der Scheibe ist er befestigt. Je nach Bauart entspricht eine bestimmte Lage des Hebels, entweder oben oder unten, der Plusstellung, die entgegen gesetzte der Minusstellung. Diese Stellungen finden sich mit dem Plus- und Minuszeichen im sicherungstechnischen Lageplan, in der Verschlusstafel und ggf. auf dem Riegelhebel wieder.

Jeder Hebel hat eine Handfalle, die ihn in den beiden Endlagen festhält und die auszuklinken ist, wenn er umgestellt werden soll. Die geniale Erfindung der Handfalle ermöglicht, obwohl mit der Hand keine großen Kräfte wirken können, die Verschlussstücke des Verschlusssystems klein zu halten. Sie bestätigt zum Beispiel bei Weichenhe-

Mit Muskelkraft werden die Hebel umgestellt. Bischofswerda »W 4«, Bauform Bruchsal G sächsisch (1996).

Foto: Kaden

Blocksperren im Stellwerk »Lpf« von Lehrte, Bauform Jüdel. Das braune Teil (3. von links) gehört zur Fahrstraßenfestlegesperre, die den Fahrstraßenhebel festhält, solange das Signal auf Fahrt steht. Die roten Teile sichern als Anfangssperre die Abhängigkeit zwischen dem Anfangsfeld des Streckenblocks und dem Ausfahrsignal. Die blau lackierte Tastensperre verhindert das Vorblocken, solange das Ausfahrsignal nicht vollständig auf Fahrt und wieder auf Halt gestellt wurde. *Foto: Lohner*

Der Blick in den Verschlusskasten eines Jüdel-Stellwerks zeigt uns, wie die Verschlusshaken der Weichenhebel über den Verschlussbalken greifen und derart festgehalten werden. *Foto: Lohner*

beln, dass die Stellung des Hebels und mit der betreffenden Außenanlage überein stimmt.
Von Ausnahmen abgesehen werden die Signalhebel rot, die Weichenhebel blau, Gleissperrsignalhebel blau mit rotem Ring und die Fahrstraßenhebel grün angestrichen. In der Regel sind die Signal-, Weichen- und Riegelhebel lang und auf der Hebelbank, während die waagerecht im Blockuntersatz angeordneten Fahrstraßenhebel kurz ausgeführt sind, weil sie nur die Fahrstraßen einstellen und nur im Stellwerk wirken und keine Kraftanstrengung zum Umstellen benötigen.
Kommt es bei der Weiche zu einer Störung, etwa Drahtbruch oder Auffahren der Weiche (= wenn ein Fahrzeug eine nicht richtig stehende Weiche vom Herzstück aus in Richtung Weichenspitze befährt), schert der Weichenhebel aus. Sein Verschlussbalken nimmt dann eine Mittelstellung ein. Die Fahrstraße mit dieser Weiche kann dann nicht eingestellt werden. Am Hebel erscheint durch das Verdrehen der Seilscheibe ein Störungszeichen.
Der Bediener muss beim Umstellen der Weichen dessen Freisein beachten. Möglich ist eine elektrische Weichenüberwachung, die beim Besetztzustand das Ausklinken der Handfalle verhindert (Hebelsperre). Wegen des Aufwandes kommt eine solche Vorsichtsmaßnahme nur ausnahmsweise bei häufig befahrenen Weichen vor, die vom Bediener nicht einsehbar sind.

Die Abhängigkeit zwischen den Weichen- und Signalhebeln wird durch Fahrstraßenschubstangen erzwungen. Diese sind, mit Ausnahme der Bauformen Bruchsal, in einem von Glas abgedeckten Kasten hinter der Hebelbank verschiebbar nebeneinander gelagert. Der Fahrstraßenhebel bewegt über die Verschlussbalken die Schubstangen. Die Verschlussbalken sind mit der Handfalle der Stellhebel gelenkig verbunden.
Klinkt der Bediener die Handfalle aus, wird der Verschlussbalken in die Mittelstellung gesenkt, bleibt während des Umstellens in dieser Lage und geht erst beim Wiedereinklinken der Handfalle in seine tiefste Stellung.
Die Schubstangen tragen Verschlusselemente, die den Verschlussbalken festhalten oder freigeben und das Ausklinken bzw. Umlegen des Hebels zulassen oder verhindern. Durch das Umstellen des Fahrstraßenhebels, bei einfachen Verhältnissen des Signalhebels werden die Weichenhebel solange festgehalten, bis Fahrstraßen- bzw. Signalhebel wieder in die Grundstellung gelangen.
Riegelhebel bewirken die Verriegelung der Weiche in einer bestimmten Endlage. Die Riegel sind ein zusätzlicher Schutz gegen das Bewegen der Weichenzunge und für alle von Reisezügen gegen die Spitze befahrenen Weichen vorgeschrieben.

Die Unterschiede

Woran erkennt man das Besondere einer Stellwerksbauform?

1. Die Form der Untergestelle, die rein konstruktiv nüchtern oder verspielt rundlich aufgeführt sind,
2. die Ausführungsformen der auf den Untergestellen aufgeschraubten (aufgeständerten) Stellhebel,
3. die diversen Ausführungsformen der Blocksperren im Blockuntersatz auf Vierkant- oder Rundwellen,
4. die Form und die Einbauart der grünen Fahrstraßenhebel,
5. die Ausbildung des Verschlusssystems und deren Verschlusselemente.

Christian Lohner

Mit prächtigen Firmenschildern an den Hebelbänken oder am Blockkasten machten die Hersteller auf sich aufmerksam.
Fotos :Jürgen Krebs (1), Lohner (2)

Abbruch von Gleisen und mitunter 100 Jahre alten Stellwerksbauten. Annaberg-Buchholz Süd (2009).
Foto: Roßberg

Fahrstraße gesichert

Der elektrische (meist System Siemens & Halske, in Sachsen System Ulbricht/Möllering) oder mechanische Bahnhofsblock (Kugelblock) sichert die Fahrstraße, indem er den Fahrstraßenhebel festlegte, und zwar solange, bis diese Festlegung unter Mitwirkung des Zuges oder durch den Fahrdienstleiter aufgehoben wurde. Diese Sicherung des Fahrstraßenhebels bewirkten die Blocksperren im Untersatz des Blockwerkes, farbig gekennzeichnete Meisterwerke der Feinmechanik, aber von Laien schwer zu durchschauen.

Isolierte Schienen und weitere Sicherungstechnik ermöglichen es, dass die Züge in einem bestimmten Punkt die Fahrstraße auflösen. Dann bzw. wenn der Fahrdienstleiter ein bestimmtes Blockfeld blockt (er drückt eine Taste nieder und erzeugt mit der Induktorkurbel den Strom), wird der Fahrstraßenhebel freigegeben.

Aus den Zeiten der Länder- und Privatbahnen und auch weil viele Hersteller Stellwerke liefern wollten, kam es zu einer Vielfalt von Bauformen, manche nur mit unterschiedlichen Bezeichnungen, weil sie in Lizenz gebaut worden sind. Auf die verschiedenen Bauformen wird auf den nächsten Seiten eingegangen.

Zu nennen sind: Allgemeine Elektricitäts-Gesellschaft (AEG), [Maschinenfabrik] Bruchsal, Gast, Harwig, Hein, Lehmann, Jüdel, Krauss, Müller & May, Nöll, Scheidt & Bachmann, Späth, Stahmer, Weinitschke, Willmann, Zimmermann & Buchloh und weitere, inzwischen unbekannte, die nur wenige Stellwerke in Lizenz bauten. Nach 1900 einigten sich die vorherrschenden Stellwerksfirmen auf ein standardisiertes Stellwerk der Bauform Einheit. Viele blieben bis in die Gegenwart bestehen, waren doch die Altbauformen unverwüstlich, wenn auch die Betriebsführung mit mechanischen Stellwerken recht personalintensiv ist. Insbesondere bei der Deutschen Reichsbahn in der DDR wurden die Lichtsignale und Blockeinrichtungen mit Hilfe von Relais vom Gleisbildpult aus bedient, so dass wir in den Bedienräumen neben der Hebelbank auch Elemente der Relaisstellwerke finden.

Schließlich sollen die letzten Entwicklungen, quasi beim Übergang zum elektrischen bzw. elektromechanischen Stellwerk genannt werden: Kombinationen dieser Bauarten, und zwar

1. Mechanische Stellwerke der VES mit besonderem elektromechanischem Bahnhofsblock, als M 43 bezeichnet.
2. Mechanische Kurz-Stellwerke, deren Weichen mit Hilfe eines Motorschlittens gestellt wurden, Hersteller: VES und nur bei der Deutschen Reichsbahn in der DDR vorhanden.

Auf weitere Einrichtungen der Sicherungstechnik im mechanischen Stellwerk, wie Fahrt- und Haltmelder, kann hier nicht eingegangen werden.

Vor- und Nachteile

Mechanische Stellwerke erreichen eine lange Lebensdauer – mehr als 100 Jahre sind nicht selten. Erweiterungen oder Veränderungen des Stellwerks sind unproblematisch, solange genügend Platz auf der Hebelbank vorhanden ist. Solche Veränderungen bedeuten auch nicht, dass der gesamte Stellwerksbereich oder gar der Bahnhof dafür stillgelegt werden muss.

Wegen der vom Bediener aufzubringenden Stellkräfte für die Außenanlagen sind die möglichen Stellentfernungen ziemlich kurz (Bis zu 350 Meter bei Weichen, bis zu 500 Meter bei Riegeln, bis zu 1200 Meter bei Hauptsignalen und bis zu 1800 Meter bei Vorsignalen).

Und auch der Einsatz weiblicher Beschäftigter ist eingeschränkt. Wo die Bedienung der Haupt- und Vorsignale wegen der Stellentfernung unmöglich wurde, sind statt der Hebel Signalwinden aufgestellt worden. Dabei wirkt die Drehbewegung mit einer Kurbel über ein Schneckengetriebe auf die Seilrolle.

Die Fahrwegprüfung »durch Hinsehen« bzw. früher »durch Augenschein« verkleinert den Stellwerksbereich. Deshalb benötigt ein Bahnhof in der Regel mindestens zwei Stellwerke. Auch kann vom mechanischen Stellwerk keine Anlage ferngesteuert werden.

Das Umstellen mehrerer oder vieler Weichen, Gleissperren und Flankenschutzeinrichtungen sowie die Mitwirkung anderer Stellwerke mit Hilfe des Bahnhofsblocks erfordern einen großen Zeitbedarf, wenn eine Fahrstraße gebildet werden soll. Die betriebliche Leistungsfähigkeit wird eingeschränkt.

Bauform A.E.G. oder AEG

Die Allgemeine Elektricitäts-Gesellschaft befasste sich um 1900 mit dem Bau von elektrischen Voll- und Schnellbahnen. So war es naheliegend, dass die 1903 neu entstandene Eisenbahn-Signalabteilung u. a. auch mit dem Bau von Stellwerken begann. Wegen fehlender Kompetenzen auf diesem Gebiet kaufte die A.E.G. im gleichen Jahr die Signalbauanstalt von August Harwig aus Köslin in Hinterpommern (heute Koszalin). Deren Stellwerksbauform baute sie zunächst weiter. Weiterhin übernahm sie in dieser Zeit auch die kleine Dresdener Firma W. Fiedler.

Bekannt wurde die A.E.G. als Signalbauanstalt letztendlich durch ihr elektromechanisches Stellwerk.

Das mechanische Stellwerk der A.E.G. ähnelt dem der verbreiteten Bauform Jüdel. Die Unterschiede sind:

- Die Ansatzstelle für den Einscherhebel ist nur so breit wie dieser.
- Längere und dünnere Fahrstraßenhebel.
- Anders gestaltete Verschlussstücke im Verschlussregister hinter der Hebelbank.
- In umgelegter Stellung, also in der Minusstellung, bewegt sich der Hebel nicht im Halbkreis, bildet daher mit den Hebeln in der Plusstellung keine gerade Linie.

Es lässt sich vermuten, dass die Allgemeine Elektricitäts-Gesellschaft mit ihren mechanischen Stellwerken mit Ausnahme der Tragkonstruktion der Stellhebel Patente umgehen, aber kaum etwas Eigenständiges entwickeln wollte.[1]

1 Wenig bekannt ist, dass der Weichenkörper der Doppelten Kreuzungsweichen von Prof. Dr.-Ing. W. Cauer für die A.E.G. entwickelt, zuerst bei den Königlich Sächsischen Staatseisenbahnen, dann in ganz Deutschland verwendet wurde.

In der Zeitschrift »Das Stellwerk« warb die A.E.G. 1907 für ihre Produkte

Sammlung Krebs

Bauformen Bruchsal (Schnabel & Henning)

Die Bezeichnung kommt vom Hersteller, der 1869 gegründeten Maschinenfabrik Bruchsal, in der die Ingenieure Adolf Schnabel und Theodor Henning[2] die Stellwerke entwickelten und es auf rund 150 Patente brachten. Die zwischen 1869 und 1917 entwickelten 14 Varianten der ältesten deutschen Signalbauanstalt erhielten die Bezeichnungen A bis (M), am bekanntesten blieben G und J.
Die Lokomotiv- und Maschinenfabrik Esslingen stellte für die Königlich Württembergischen Staatsbahnen Bruchsal-Stellwerke in Lizenz her, namentlich Bauform G und J.
Das Kennzeichen der Bruchsal-Stellwerke G ist das senkrechte Verschlussregister vor den Hebeln mit den vertikalen Fahrstraßenschubstangen. Viereckige Verschlussknöpfe werden in die Verschlussriegel eingeschraubt, die in die Einschnitte der Fahrstraßenschubstangen greifen. Die Bauform Bruchsal J ähnelt in ihrem Aufbau bereits dem Stellwerk der Bauform Einheit.
Die Stellwerke wurden auch in mehreren Varianten als Lizenz gebaut. Dazu gehörten Krauss & Cie in Bayern und die Signum AG in der Schweiz. Dabei versahen sie die Stellwerke mit Zutaten der eigenen Signalbauanstalten bzw. nach den Wünschen der jeweiligen Staatsbahn.
Nach dem Ausscheiden der beiden Firmengründer im Jahr 1894 wurde die Firma zum 1. Juli 1896 zur Maschinenfabrik Bruchsal A.G.

Bauform »Apparat A«

Der »Apparat A« von 1879 war ein Nachbau des englischen Stellwerks von Saxby mit Langhebeln, deren Drehpunkt unter dem Fußbodens liegt. Das Verschlussregister war senkrecht hinter den Hebeln angeordnet. Besondere Fahrstraßenhebel gab es nicht. Die Weichen wurden durch den jeweiligen Signalhebel verschlossen.

2 Theodor Henning kam von der Kölnischen Maschinenbau AG in Bayenthal. Er hatte die ersten deutschen Stellwerke für die Bahnhöfe Börßum und Hafen Stettin entwickelt. Das Bayenthaler Werk verlor aber bald das Interesse am Stellwerksbau, so dass Henning nach Bruchsal wechselte.

Bauform »Apparat B«

Der »Apparat B« war ein Zentralapparat aus dem Jahr 1882. Er kam Anfangs ohne Fahrstraßenhebel aus. Die Signale wurden von Kurbeln, die Weichen von Langhebeln bedient. Beim Umstellen des Signals verschoben Seilzüge mit einer Kulissenführung die zugehörige Fahrstraßenschubstange. Diese griff in Scheiben ein, die unterhalb der Weichenhebel angebracht waren.
Die Bauform war nur für kleine Bahnhöfe bzw. Stellwerksbereiche geeignet, weil die Zahl der Verschlusslineale begrenzt war.

Bauform »Apparat C«

Die Stellwerke wurden ab 1880 hauptsächlich für die Gotthard-Bahn gebaut. Die Weichenhebel waren als einfache zweiarmige Hebel mit Gegengewicht ausgeführt und besaßen deshalb keine Handfalle. Die Signalhebel waren Umschlaghebel für den Doppeldrahtzug und nach zwei Seiten umzulegen. Eine besondere Fahrstraßenschubstange musste vor dem Umlegen des Signalhebels bewegt werden. Die Weichenhebel besaßen Bogenstücke mit entsprechenden Ausschnitten für die Fahrstraßenschubstange.

Bauform »Apparat E«

Der »Apparat E« ist nur aus der zeitgenössischen Fachliteratur bekannt. 1886 entstand auf dem Bahnhof Bexbach eine erste Anlage nach dem Patent D.R.P. 33272. Da keine weiteren Details bekannt sind, scheint das Wissen über diesen Apparat verloren zu sein.

Bauform »Apparat G«

Von 1888 bis 1905 fertigte die Signalbauanstalt Schnabel & Henning die Stellwerke »Apparat G«. Das war eine verbreitete Bauform in Deutschland für große Bahnhöfe und solche mit mehreren Stellwerken, mit offenem, senkrechten Verschlussregister. Die Fahrstraßenschubstangen bewegen sich horizontal, an den Hebeln sind senkrechte Schieber (die dem Verschlussbalken entsprechen) angebracht. Verschlussknöpfe auf den senkrechten Schiebern bewegen sich in den Aussparungen der Fahrstraßenschubstange und sorgen so für die Abhängigkeit.

Der Bahnhofsblock war seit 1885 allgemein als mechanischer Bahnhofsblock (Kugelblock) ausgeführt. Reine Befehlsstellwerke waren nur mit dem Kurbelapparat, Wärterstellwerke mit Fahrstraßen-, Weichen- und Signalhebeln ausgeführt.
Die Stellwerke wurden teilweise nachgerüstet, so dass gemischte Bruchsal-Bauformen und die der Bauform Einheit anzutreffen waren.

Den Umschalter für mehr als zwei Hebelstellungen bauten mehrere Firmen. Dieser von Bruchsal auf Stellwerk »W 4« in Bischofswerda erlaubt vier Positionen: das Ver- und das Entriegeln der Weiche 26 a sowohl in der Plus- als auch in der Minusstellung

Foto: Kaden

Bauform »Apparat G«, sächsische Ausführung

Zur herkömmlichen Bauform gab es folgende Unterschiede:

- Grundstellung der Weichen- und Signalhebel unten
- Bahnhofsblock elektrisch
- zusätzliche Signalverschlusshebel.

Bauform »Apparat H«

Sie war für kleinere Bahnhöfe mit einem Stellwerk. Kombination des Kurbelwerks für die Signale (siehe Seite 43) mit der Hebelbank für die Weichen. Offenes senkrechtes Verschlussregister.

Der Kugelblock

Bei dieser Variante der mechanischen Fahrstraßensicherung verhindern zwei Kugeln, dass der Fahrstraßenhebel zur Unzeit bewegt wird. Die Kugeln liegen auf dem kreisförmigen Kranz im Hohlraum der Blockrolle, auf der die tellerförmigen Rippen der Fahrstraßenscheiben bei ihrer Bewegung nach unten aufstießen. Wird eine Blockrolle um etwa drei Viertel des Kreises nach der einen Seite gedreht, so wird die eine Kugel durch den Mitnehmer im Kranz der Blockrolle auf den Teller der zugehörigen Scheibe des Fahrstraßenhebels gelegt, wo die Nabe der Blockrolle sie festhält. Macht nun eine der Fahrstraßenscheiben beim Umlegen nach der frei gewordenen Richtung ihre Abwärtsbewegung, so rollt die Kugel nach. Die Rückwärtsbewegung des Fahrstraßenhebels wird durch die zwischen der Nabe der Blockrolle und dem Teller der Fahrstraßenscheibe liegende Kugel verhindert und der Hebel in der umgelegten Stellung festgehalten.
Der Signalhebel muss in der Halt-Stellung bleiben, bis die Festlegung des Fahrstraßenhebels aufgehoben wird, und zwar dann, wenn der Fahrdienstleiter die Blockrolle in die Ruhestellung zurück dreht. Der an der Nabe befindliche Mitnehmer nimmt die Kugel von der oberen Seite des Tellers zurück und lässt sie am Einlauf zum darunter liegenden Raum liegen. Die betreffende Scheibe des Fahrstraßenhebels kann wieder angehoben und dieser in seine Ruhelage gebracht werden, wobei die Kugel wieder in die unterste Stellung rollt.
Die linke Rippe der Blockrolle bewirkt das Anschlagen einer Glocke, die dem Wärter anzeigt, dass eine Fahrstraße eingestellt oder zurückgenommen werden soll. Die rechte Rippe dreht eine Walze und macht durch Farbscheiben die Lage der Blockrolle und die frei gegebene Richtung sichtbar.

Bauform »Apparat J«

1905 errichtete die Maschinenfabrik Bruchsal in Forst das erste Stellwerk der Bauform »Apparat J«. Diese Bauform wurde bis 1943 in großer Stückzahl gefertigt.

Das bisher senkrecht gebaute Verschlussregister ist hinter den Weichenhebeln waagerecht liegend angeordnet. Es gibt verschiedene Varianten bei den Hebeln und Verschlussbalken.

Der Bahnhofsblock konnte mechanisch (Kugelblock) oder blockelektrisch ausgeführt werden.

Das Stellwerk wurde auch als Hebel-Kurbelwerk gefertigt und mit Belegtabhängigkeit wie bei bayerischen Stellwerken, die bei jeder Signalbedienung nur eine Einfahrt in das selbe Gleis erlaubt.

Bauform »Apparat K«

Entspricht im Wesentlichen der Bauform J, für elektrisch gestellte Signale werden jedoch keine Hebel auf der Hebelbank verwendet, sondern den Fahrstraßenhebeln entsprechende Hebel.

Bahnhofsblock als Gleich- oder Wechselstromblock.

Zuletzt blieben nur die Bauformen G, H und J übrig.

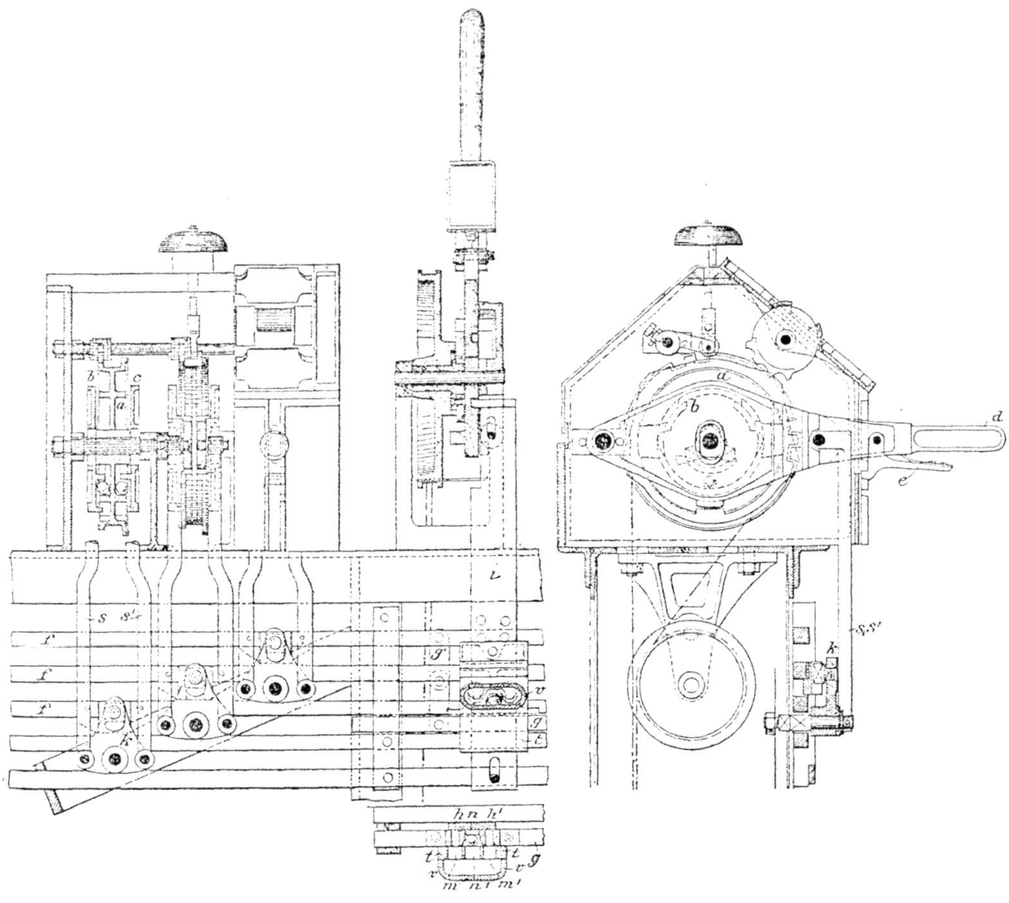

Fahrstraßenhebel, Signalhebel und Teil der Hebelbank mit offenem Verschlussregister, oben die Glocke, die auf den Befehl des Fahrdienstleiters aufmerksam macht. *Entnommen: [5]*

Hebelbank (Signalhebel, elektrischer Bahnhofsblock, Weichen- und Riegelhebel) eines Wärterstellwerkes der Bauform Bruchsal G. Die Fahrstraßenhebel in der Mitte können nach links und rechts umgelegt werden. (Lehrstellwerk Kornwestheim 2014) *Foto: Jürgen Krebs*

Das Befehlswerk in Immenstadt (1999). Der Fahrdienstleiter bedient mit dem Kurbelwerk den mechanischen Bahnhofsblock, um den Wärtern die Befehle zur Ein- oder Ausfahrt zu übermitteln. *Foto: Erich Preuß*

Ein Kurbelwerk als Befehlswerk der Bauform Bruchsal G auf dem Bahnhof Langenbach. *Foto: Lohner*

Bis 2004 gab der Fahrdienstleiter von Grünstadt seine Befehle mit diesem Befehlsabgabeapparat mit 31 Befehlskurbeln ab. Das Kurbelwerk war Bestandteil des mechanischen Bahnhofsblocks. Es ist in der Bahnhofshalle aufgestellt, leider ohne eine Erklärung für den Laien. Das Verschlusssystem ist nicht typisch und war auch nicht nötig, weil die Wärterstellwerke ihre Verschlusssysteme hatten. *Foto: Lohner*

Bauform Bruchsal G auf den Stellwerken »W 2« und »B 1« in Sebnitz (Sachs) in der sächsischen Variante mit der Grundstellung der Hebel unten (1999 / 2007). (oben) *Fotos: Erich Preuß, Andreas Krebs*

Im Lehrstellwerk Kornwestheim befinden sich auch heute noch mehrere Stellwerke der Bruchsaler Bauformen in Betrieb. Das Stellwerk der Bauform Bruchsal J mutet durch sein hinter den Hebeln liegendes Verschlussregister etwas moderner an. Wie bei allen Bruchsal-Stellwerken sind die Bezeichnungsschilder farblich eingefasst. (oben)

Foto: Jürgen Krebs

Die Form der Griffe der Fahrstraßenhebel (grün) unterscheidet sich bei der sächsischen Variante von denen der restlichen Bruchsal-Stellwerke. Wegen der Besonderheiten des sächsischen Bahnhofsblocks waren hier in Sebnitz (Sachs) »B 1« zwei zusätzliche Signalverschlußhebel (rot) vorhanden. (linke Seite unten)

Foto: Andreas Krebs

In Winden (Pfalz) sind 1964 für den mechanischen Bahnhofsblock Hebel der Bauform Einheit für die »Befehlsabgabe« des Fahrdienstleiters aufgebaut worden. (rechts)

Foto: Lohner

Bauform Einheit

Die Bauform Einheit - auch als Einheitsstellwerk bezeichnet - ist die bekannteste und heute noch verbreitetste Form der mechanischen Stellwerke.
Bereits 1887 wies die Eisenbahndirektion Elberfeld das preußische Ministerium der öffentlichen Arbeiten auf die Unzuträglichkeiten mit den unterschiedlichen Bauarten und den mannigfachen Einzelteilen hin und schlug eine Vereinheitlichung der Stellwerke vor. Doch das Ministerium hielt einheitliche Sicherungsanlagen für verfrüht, schon wegen der Kosten, die bei einer Umstellung der Bauformen auf ein Standard-Stellwerk entstünden.
Nach 1900 kamen die Fachleute mit zwei grundsätzlichen Meinungen zu Wort:

- Durch verschiedene Stellwerksbaufirmen und -formen haben wir Wettbewerb, der dient schließlich der fortschreitenden Technik.
- Die andere Auffassung: Durch Einheitsstellwerke brauchen wir weniger Ersatzteile und dem mit der Bedienung, der Instandhaltung und der Kontrolle betrauten Personal fiele die Lösung der Aufgaben leichter.

Auch wenn bestimmte Hersteller bei den Bahnen dominierten, die Signalwerker sahen sich in ihren Instandhaltungsbezirken, den Bahnmeistereien und Stellwerksbahnmeistereien einem Konglomerat von Stellwerksbauarten, -formen und -baujahren gegenüber. Hinzu kam, dass einige Hersteller sehr unterschiedliche Bauformen lieferten und andere Signalbauanstalten bereits um 1912 gar nicht mehr existent waren.
Zu den auffälligen Unterschiede gehörten:
Jüdel ordnete die Hebel auf der Hebelbank im Abstand von 140 mm an, Zimmermann & Buchloh sah 160 mm vor. Deren Verschlusskasten saß tiefer als der von Jüdel. In ihm gab es auch drehbare Verschlussbalken. Hielten bei Jüdel die niedrigen Verschlussstücke die Weiche in der Plus-, die hohen in der Minusstellung fest, so war bei Zimmermann & Buchloh die Richtung der Verschlusshaken maßgebend. Bei Signalhebeln von Gast der Baujahre vor 1900 waren Seilscheiben und Handhebel fest verbunden, Siemens & Halske hatte für seine Kettenhebel-Stellwerke die Grundstellung der Hebel nach unten festgelegt, die anderen Firmen nach oben.[3]
Die Vereinheitlichung begann 1901 bei den Preußischen Staatsbahnen mit dem Normalhakenschloss als Spitzenverschluss der Weichen. Für den Entwurf eines Einheitsstellwerks beauftragten sie 1907 das Königliche Eisenbahn-Zentralamt. Das bildete eine Kommission unter Leitung von Eduard Scholkmann, vortragender Rat im Ministerium der öffentlichen Arbeiten. Auch die Stellwerkshersteller waren zur Mitarbeit bereit, indem sie auf Patentrechte verzichteten. Das neue Einheitsstellwerk sollte von nun an von allen Sigbauanstalten errichtet werden. Dabei hat die Signalbauindustrie einen großen Beitrag geleistet, wobei sich insbesondere die Signalbauanstalt Max Jüdel & Co. A.G. hervorgetan hatte. So konnten ab 1911 die ersten sechs Stellwerke in Drewitz (KED Berlin), Hau (KED Köln), Meckelfeld (KED Hannover), Scheidt (KED Saarbrücken), Schönborn (KED Breslau) und Thorn (KED Bromberg) erprobt werden. Daraufhin bestimmte der Minister am 11.11.1915, dass bei neuen Bahnen und erheblichen Bahnhofsumbauten, sofern nicht Kraftstellwerke erforderlich sind, für die Herstellung neuer Stellwerke stets die Einheitsform vorzusehen ist.
Für diese Bauform galten folgende Bedingungen:

- stets doppelte Drahtleitung für die Weichen- und Signalbedienung;
- das preußische Hakenweichenschloss mit Außenverriegelung für die auffahrbaren Spitzenverschlüsse der fernbedienten Weichen;
- Auffahreinrichtung an den Weichenhebeln mit selbsttätiger Signalsperre, die sowohl bei Drahtbruch in der Stellleitung wie bei gewaltsamer, durch das Nichtfolgen der Weichenzungen beim Umstellen hervorgerufener Beanspruchungen der Leitungen (zum Beispiel beim Auffahren der Weichen) herbeigeführt wird.

Die zu bauende Variante entsprach weitgehend der Bauform Jüdel. Der Einheitsweichenantrieb von 1912 basierte auf dem Zahnstangenantrieb von Zimmermann & Buchloh. Seit den 1930er Jahren kam der Klammerspitzenverschluss von Vögele als Einheitsspitzenverschluss für die Weichen zur

3 In Sachsen war auch bei der Bauform Jüdel 6000 die Grundstellung der Hebel unten.

Bauform Einheit auf dem Stellwerk »B 2« in Königsborn (2010). *Foto: Karin Krebs*

Außenspannwerk Bauform Einheit in Nettersheim (2009). *Foto: Jürgen Krebs*

Anwendung. Er löste den norddeutschen Hakenverschluss und den süddeutschen Gelekspitzenverschluss ab. Stahmer kam mit seinem Wendegetriebe für den Leitungsanschluss der Signale zum Zuge.
Die Sammlung der Einheitszeichnungen enthielt mehr als 200 Blätter aller Bauteile. Der Erste Weltkrieg verzögerte den Fortgang, doch die zum 1. April 1920 gebildete Deutsche Reichsbahn griff sofort das Thema Einheitsstellwerk auf. 1924 erlaubte sie 16 Herstellern den Bau der Standardstellwerke. Ohnehin waren verschiedene Firmen fusioniert. Die Hebelbank war von Jüdel und der Weichenhebel von Fiebrandt, der Fahrstraßenhebel dem von Jüdel nachgebildet.
1955 lieferte Siemens Stellwerke mit elektrisch angetriebenen Stellrollen, gesteuert vom Stelltisch über Relaisgruppen. Mechanische Altbauformen wurden bis in die 1980er Jahre in die Bauform Einheit umgebaut.

Bauform Einheit M43

Das mechanische Stellwerk M43 ist eine Weiterentwicklung des mechanischen Einheitsstellwerks. Ab 1943 wurden solche Stellwerke unter Beibehaltung der Hebel und des Verschlusskastens gebaut. Dabei wurde der Blockuntersatz und der Wechselstromblock durch einen neuen Gleichstrombahnhofsblock ersetzt, der auf die Teile des elektromechanischen Stellwerks E43 zurückgriff. Durch die Verwendung von Fahrstraßensignalhebeln konnten elektrische Signalantriebe oder Lichtsignale genutzt werden.
Durch den Zweiten Weltkrieg und die Zerstörung des Blockwerks in Berlin-Siemensstadt fand diese Bauform nur geringe Verbreitung. Nach 1945 wurden noch einige Anlagen in Westdeutschland errichtet. Man kehrte wieder zur Errichtung von mechanischen Stellwerken mit Wechselstromblock zurück.

Doppeldrahtzug und Fahrstraßenhebel

Der Drahtzug verbindet in mechanischen Stellwerken den Stellhebel mit dem Antrieb einer Außenanlage (Signal, Weiche, Riegel, Gleissperre oder Form- bzw. Gleissperrsignal). Die Drahtzugleitung besteht aus zwei Stahldrähten und wird auch Doppeldrahtzugleitung genannt. Sie wird innerhalb und außerhalb des Stellwerks über Rollen geführt und jeweils durch ein Spannwerk mit einer Spannung von etwa 700 N ständig straff gehalten.
Der Leitungsdraht, der beim nächsten Stellvorgang die Zugkraft überträgt, ist der Zugdraht, der andere der Nachlassdraht. Reißt einer der beiden Drähte (Drahtbruch), fällt im Spannwerk das Spanngewicht und führt mit dem unversehrten Draht an der betreffenden Außenanlage zur Endstellung, die auch festgehalten wird. Formsignale kommen stets in die Halt- bzw. Warnstellung.

Der Fahrstraßenhebel sorgt für die Abhängigkeit zwischen dem Hebel des Signals für eine bestimmte Fahrstraße und den Hebeln der Weichen, Riegel und Gleissperren dieser Fahrstraße innerhalb eines Stellwerks. Er bewegt im Verschlusskasten die Schubstangen hin und her, die drei Stellungen einnehmen können. In der Mittelstellung halten sie die zugehörigen Signalhebel fest. Bei der oberen und der unteren Endlage des Fahrstraßenhebels dagegen gibt er den einen oder den anderen Signalhebel frei, legt dafür aber die zur betreffenden Fahrstraße gehörenden Weichenhebel in der richtigen Lage fest. Das bewirken die auf den Schubstangen sitzenden verschieden geformten Verschlussstücke.

Im rechten Winkel zu den Fahrstraßenschubstangen liegen die mit den Handfallen der Weichenhebel verbundenen Verschlussbalken. Schieben sich die Verschlusselemente unter den Verschlussbalken, verhindern sie das Ausklinken des Weichenhebels. Ist ein Weichenhebel noch nicht in der richtigen Stellung (auch wenn nur die Handfalle nicht richtig eingeklinkt ist), stoßen die Verschlussstücke an den Verschlussbalken. Der Fahrstraßenhebel lässt sich dann nicht um- und somit die Fahrstraße nicht festlegen.
Dieser Mechanismus bewirkte, dass sich der Fahrstraßenhebel nur dann umlegen lässt, wenn die zu einer Fahrstraße gehörenden Hebel der Weichen, Gleissperren und Signale »richtig« stehen. Genauso gut lassen sich diese Hebel nicht mehr umlegen, wenn der Fahrstraßenhebel bereits umgelegt worden ist. Blocksperren des elektrischen Bahnhofsblocks verschließen den Fahrstraßenhebel. Erst danach kann das Hauptsignal auf Fahrt gestellt werden.

Bauform Fiebrandt

Die bis 1914 in Bromberg-Schleusenau (Bydgoszcz) bestehende Eisenbahn-Signalbau-Anstalt baute seit 1892 Stellwerke mit bereits aufgeständerten Hebeln, die für die später entwickelte Bauform Einheit ausgewählt wurden. Firmenspezifisch waren die Art des Einbaus der Fahrstraßenhebel und die, wie bei der Bauform Einheit, unter den Fahrstraßenhebeln angeordneten Blocksperren, die sich jedoch von diesen erheblich unterschieden.
Ein Merkmal der Bauform Fiebrandt war die einrollige Seilscheibe. Die Klinke greift hinter dem Hebel in die Seilscheibe ein, bei der Bauform Einheit vor dem Hebel.

Bauform Gast

Die Berliner Firma von Julius Gast begann 1878 den Eisenbahnsignalbau und lehnte sich in der Bauweise der Stellwerke, wie alle außer den Stellwerken von Siemens & Halske, der »Bauart Rüppell, Patent Büssing« an, allerdings mit einem anderen Verschlusssystem. Für die zu verschließenden Weichenhebel wurde je eine sich drehende, auf ihrer einen Seite der Länge nach abgeflachte Querwelle vorgesehen.
Sie wurde bei jeder Hebelumstellung um einen Halbkreis gedreht, so dass die Abflachung entweder auf der oberen oder auf der unteren Seite der Querwelle lag. Die Signalhebel waren mit je einer Längsschubstange verbunden, die mit solchen Verschlusseinrichtungen an jeder Querwelle versehen waren. Nur bei richtiger Lage der Querwelle wurde die Bewegung der Längsschubstange möglich, und bei Fahrtstellung des Signals wurden die Querwellen in ihrer jeweils vorgeschriebenen Stellung festgelegt.
Die Seilscheiben sind einrollig gebaut, der Hebel ist rechts der Seilscheibe angeordnet. Spezifisch waren die Blocksperren.

Bauform Harwig

Die Firma A. Harwig, Köslin (Koszalin) baute eine wenig verbreitete Stellwerksbauform, ähnlich denen der Bauformen Jüdel (Weichen- und Signalhebel) und AEG (Verschlussstücke). Markant war der breite, W-förmige Haltebock mit fester Kupplung der Seilscheiben durch ein Kegelrad. Nur um eine Rolle war das Seil geschlungen, und nur die schaftbetätigte Rolle war eingeklinkt, die andere drehte sich über das Kegelrad leer mit.
Die A.E.G. kaufte 1903 das Werk und das Harwigsche Verschlusssystem, verlegte aber allmählich die Produktion nach Berlin, 1912 nach Frankfurt am Main und 1916 nach Hennigsdorf. Bei der A.E.G. blieb von den Eigenheiten der Harwig-Stellwerke bald nichts mehr übrig, weil eigene Konstruktionen verwendet wurden.
Harwig gründete in Gera ein neues Werk und stellte für die Preußischen Staatsbahnen in Lizenz Stellwerke der Bauform Zimmermann & Buchloh her, auch die der Bauform Einheit.

Weichenhebel der Bauform Gast.

Foto: Pfannschmidt

Signalhebel der Bauform Harwig im Stellwerk »Qw«, einem Wärterstellwerk aus dem Jahr 1913 in Querfurt. *Foto: Lohner*

Bauform Hein, Lehmann

Die Berliner und Düsseldorfer Firma, die sich auf Eisenkonstruktionen wie Brücken spezialisiert hatte, unterhielt eine Abteilung für den Bau von Stellwerken, deren Merkmal die langen, vor dem Blockkasten fast senkrecht stehenden Fahrstraßenhebel sind. Die Hebel der Weichen- und Signalhebel sind links der zugehörigen Seilrolle angebracht.

Auch Hein, Lehmann & Co war an den Stellwerken der Bauform Einheit beteiligt und baute sie noch 1948.

Stellwerke waren nur ein Teil der Produktion dieser Firma. *Foto: Lohner*

Jüdel & Co

1873 ging die Braunschweigische Eisenbahnsignalbauanstalt an die Firma Max Jüdel & Co über. Die kaufmännische Leitung übernahm Max Jüdel (1845–1910), Heinrich Büssing[1] (1843–1929) die technische. Im ersten Jahr lieferte die Firma nur 13, meist kleinere Stellwerke mit zusammen 138 Hebeln. Sieben Jahre später wurde das 100. Stellwerk ausgeliefert. 1883 war es das 200., 1886 das 500., 1892 das 1000., 1908 das 5000. und 1914 das 7000. Stellwerk.
Jüdel lieferte alles, was zu Stellwerken und den Außenanlagen gehörte: Vor- und Hauptsignale, Weichenantriebe, Spitzenverschlüsse, Verschlussrollen, Sperr- und Fühlschienen, Gleissperren, Handverschlüsse, Gestänge- und Drahtzugleitungen mit Umlenkungen, Führungen, Ausgleichsvorrichtungen.
Seit 1898 firmierte Jüdel & Co als Eisenbahnsignal-Bauanstalt Max Jüdel & Co, A.-G. Die Aktiengesellschaft besaß Lizenznehmer / Zweigwerke in Würzburg, Wasseralfingen, Olten (Schweiz), Atvidaberg (Schweden) und bis 1914 in Riga (Lettland) sowie in Moskau (Russland).
1926 erwarb die Firma Jüdel als stärkster Partner unter den Signalbauanstalten die Aktienmehrheit der Deutschen Eisenbahn-Signalwerke A.-G. und bildete mit ihnen die Eisenbahn-Signalbau-Anstalten A. G.
Doch diesen Firmen blieb die Elektrotechnik fremd, ebenfalls die Weiterentwicklung des Blockwerks mit den Elementen der Fernsteuerung, die Relaistechnik, die Lichtsignale, so dass in Berlin und Braunschweig die Firma Siemens zum Marktführer werden konnte.

1 Büssing schied altershalber aus der Firma, gründete jedoch noch in Braunschweig die nach ihm benannte und erfolgreiche Autobus- und Lkw-Firma.

In Mulda (Sachs) steht ein Typenbau von sächsischem Stellwerksgebäude mit dem ebenso charakteristischen Wagenkasten, der einmal auf der abzweigenden Strecke nach Sayda unterwegs war (2004). *Foto: Adler*

Bauformen Jüdel

Der Erfolg dieser 1873 in Braunschweig gegründeten Firma, die in Deutschland die meisten Stellwerke herstellte, ist eigentlich dem Oberingenieur Rüppell zu verdanken, der 1869 für die Rheinische Bahn ein Verschlusssystem entwickelt hatte, nach dem der Signalhebel die Weichen der Fahrstraße mit Hilfe eines Querriegels festhielt. Die Fahrstraße der Züge in den Bahnhöfen wurde so vor Rangierfahrten geschützt.

Der preußische Minister für Handel, Gewerbe und Öffentliche Arbeiten wies im Erlass vom 18. November 1869 die Bahnverwaltungen auf diese Sicherheitseinrichtung hin und wies am 21. Dezember 1873 an, die Stellung der Einfahrweichen mit der Stellung der Einfahrsignale in gegenseitige Abhängigkeit zu bringen.

Die Firma entwickelte diese Signalabhängigkeit weiter. Heinrich Büssing führte 1875 die längs laufenden Schubstangen und die Verschlusselemente ein, die mit dem Verschlussbalken der Weichenhebel in Wechselwirkung standen. Auch die ortsbedienten Weichen konnten mit den Signalen abhängig gemacht werden. Das System Rüppel wurde zum Standard in allen mechanischen Stellwerken Deutschlands mit Ausnahme der wenigen von Siemens & Halske.

Bei der Bauform Jüdel wird der Verschluss durch quer zu den Schubstangen liegende Blockbalken hergestellt. An den Blockrollen sitzende unrunde Scheiben nehmen je nach Stellung der zugehörigen Blockrollen eine hohe, die Schubstange verschließende, oder eine tiefe, die Schubstange freigebende, Stellung ein. Zwischen 1875 und 1885 kam es in der Stellwerkstechnik zu zwei wichtigen Neuerungen: dem Doppeldrahtzug als Endlosleitung und dem Abhängigkeitsschieber, der zum Fahrstraßenhebel entwickelt wurde.

Für die Bauform Jüdel ist die »Sichel« charakteristisch, die den Verschlussbalken an den Weichenhebel anbindet. Der Verschlussbalken ist angeschrägt, im Verschlussregister sind verschieden hohe Verschlussstücke notwendig.

Man unterscheidet die Bauformen Jüdel 6000, 9000, 10000 und 11000, wobei die Nummern der Nummerierung der Konstruktionszeichnungen entsprechen. Jüdel 6000 ist die für die Königlich Sächsischen Staatseisenbahnen gebaute Bauform, häufig mit der Hebelgrundstellung nach unten. Unterschiede sind auch an den Fahrstraßenhebeln auffällig sowie durch den Knauf am Hebelende. Unter den Jüdel-Stellwerken war der Typ 11000 am verbreitetsten.

Wenn es auf der Hebelbank an Platz für die Hebel fehlt, können die Doppelstellerhebel durch einen Hebel mit Umschalthebel kombiniert werden. Der Umschalthebel kuppelt die beiden Seilrollen um, so dass beispielsweise das Hauptsignal für die Stellung »Hp 1« oder »Hp 2« bedient werden kann. In diesem Fall befindet sich der Verschlussbalken in der Mittelstellung, wenn der Signalhebel die Grundstellung einnimmt. Je nach Stellung des Umschalthebels wird beim Stellen des Signals der Verschlussbalken in die obere oder untere Endlage gebracht.

Die Firma Jüdel entwickelte auch mechanischen und einen elektromechanischen Bahnhofsblock (»Erlangener Block«).

Weichenhebel Bauart Jüdel im heutigen Museumsstellwerk »Wm« in Wittenberge.

Foto: Jürgen Krebs

Werbung in der Zeitschrift »Das Stellwerk« von 1906

Sammlung Krebs

Das Stellwerk »Lpf« in Lehrte hatte derart viele Fahrstraßen zu sichern, dass ein Blockwerk nicht ausreichte. Foto: Pfannschmidt

Das Befehlsstellwerk von Lehrte »Lpf« gehörte sicherlich zu den deutschen Stellwerken mit den längsten Hebelbänken. Foto: Pfannschmidt

Jüdel-6000-Stellwerk in Dresden-Neustadt. Foto: Lohner

Für die sächsischen Stellwerke der Bauform 6000 hatte Jüdel rot lackierte Signalfestlegehebel eingeführt.
Foto: Lohner

Zweisteller-Signalhebel von Jüdel mit Schalthebeln für mehrere Signalstellungen. *Foto: Lohner*

Hebelbank eines Jüdel-Stellwerks. Beim Hebel der Weiche 1 handelt es sich um einen Gestänge-Weichenhebel Jüdelscher Bauart. Die anderen Hebel sind Drahtzug-Hebel. Durch Einstellung am Schalthebel des rechten Signalhebels kann so wahlweise das Signal B oder C bedient werden. *Foto: Jürgen Krebs*

Unter den Fahrstraßenhebeln sind im Blockuntersatz die farbigen Blocksperren der Bauart Jüdel hinter der, mit einem roten Sicherheitsschloss gesicherten Glasscheibe zu erkennen. So kann das Bedienpersonal ggf. die Ursache für eine Nichtbedienbarkeit relativ leicht erkennen. *Foto: Jürgen Krebs*

Bauform Krauss

Die Münchner Firma Krauss & Cie (später Krauss-Maffei) baute Stellwerke der Maschinenfabrik Bruchsal, Bauform G, in Lizenz, aber auch einige der Bauform Jüdel. Die äußerlichen Unterschiede sind gering, etwa beim Fahrstraßenhebel: waagerecht auf Stellwerken mit mechanischem Bahnhofsblock, sonst senkrecht, auch nicht rund, sondern rechteckig, die Stellhebel als Doppel-Schmalhebel.

Für kleine Bahnhöfe in Bayern entstand ein Stellwerk mit kombiniertem Hebelwerk: Weichen und Riegel auf der Hebelbank, die Signale und Fahrstraßen am daran anschließenden Kurbelwerk. Derartige Stellwerke nach den Wünschen der Königlich Bayerischen Staatseisenbahnen baute auch Jüdel in Braunschweig und nach dessen Muster wiederum Joseph Vögele in Mannheim sowie Nöll in Würzburg (in Lizenz), allerdings für Bayern auch Varianten mit Kurbel-Hebelwerk und speziellen Fahrstraßenkurbeln.

Die Stellhebel von Krauss sind als Doppel-Schmalhebel ausgeführt. *Foto: Lohner*

Das Kurbelwerk berücksichtigte die bayerischen Hauptsignale mit den Ruhe- und Haltbegriffen. Als das Signalbild »Ruhe« abgeschafft wurde und stattdessen Sperrsignale aufgestellt worden waren, erhielten die Kurbeln eine Funktion, bei der mit der ersten Drehung das Sperrsignal in die Stellung »Sh 1« (= Fahrverbot aufgehoben!) gelangte, mit der zweiten Drehung das Hauptsignal auf Fahrt gestellt wurde. Das Sperrsignal ist über eine Verbindungsstange an das Hauptsignal angeschlossen.

Bauform Müller & May

Die in Rauschwalde, heute Stadtteil von Görlitz, ansässige Firma begann 1890 mit der Produktion von Eisenbahnsignalen. Fritz Müller war der Kaufmann, Christian May der Ingenieur. Die mechanischen Stellwerke dieses Herstellers wurden hauptsächlich für die preußische Eisenbahndirektion Breslau (Wroclaw) gebaut. Bekannt wurden spezielle Weichenantriebe. Ansonsten unterschieden sich die Stellwerke nicht wesentlich von denen der Bauform Jüdel.

Auffällig waren, wie [4] schreibt: »*...die großen ‚Gewichte' an den einzelnen Elementen der Blocksperren. Die Fahrstraßenhebel sind, zusammen mit der Halterung für die Hilfssperren, robust aufgebaut. Die Seilscheiben der Weichenhebel sind, wie bei vielen anderen Altbauformen, als zwei getrennte Rollen aufgebaut. Der Verschlussbalken ist über einen relativ einfachen Mechanismus an die Handfalle des Weichenhebels angekoppelt. Die Signalhebel fallen durch ihre breiten Rollen mit den außergewöhnlich großen Abdeckungen der Unterwegssperre auf.*«

1922 musste die Firma ihre Produktion aufgeben.

Auch Müller & May warben 1906 in der Zeitschrift »Das Stellwerk« für Ihre Produkte

Sammlung Krebs

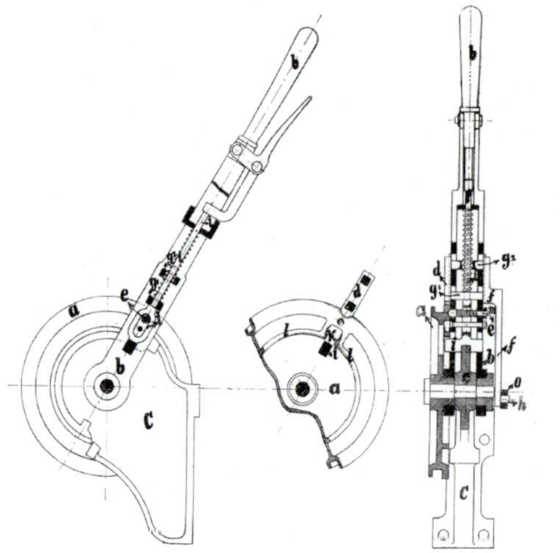

Weichenhebel Bauform Müller & May
Zeichnung: Sammlung Krebs

Für die eigenartigen Seilscheiben der Weichenhebel waren auch besondere Einrückhebel notwendig, falls die Seilscheibe verdreht war und in die Grundstellung gebracht werden musste. *Foto: Lohner*

Bauform Scheidt & Bachmann

Der Ingenieur Carl Bachmann und der Kaufmann Wilhelm F. Scheidt gründeten am 1. Mai 1872 in München Gladbach die Maschinenfabrik Scheidt & Bachmann. 1885 schied Scheidt aus dem Unternehmen, dafür trat Bachmanns Schwiegersohn Rudolf Kraft ein. Von 1876 an lieferte die Firma Stellwerke nach einer Lizenz von Schnabel & Henning. Jene Firma erlaubte auch, dass Scheidt & Bachmann die Stellwerke für die Bahnhöfe in den Eisenbahndirektionen Elberfeld, Cöln rechts- und Cöln linksrheinisch bauen durfte. Mitte der 1890er-Jahre wurde dieser Vertrag gelöst, und die Firma vertrieb ein eigenes System, dessen Verschlusseinrichtung dem des Systems Rüppell und Büssing angepasst war.

Die Produktion anderer Erzeugnisse (Textil- und Dampfmaschinen) wurde zwischen 1890 und 1895 zu Gunsten der Stellwerke zurückgestellt, sie wurden von 1895 an nach eigenem System konstruiert, 1901 das erste mit hinten liegendem Verschlussregister. Die Handfallen der Fahrstraßenhebel sind sehr klein, die der Weichen- und Signalhebel recht lang. Die Scheiben für die Drahtzüge an den Weichen- und Signalhebeln sind einrollig gebaut. Die Blocksperren sind anders konstruiert als die der Bauform Einheit, wesentlich robuster erscheinen auch die Zähne der Unterwegssperre am Signalhebel.

Die Firma stellte ihre Produktion zeitig auf die Bauform Einheit um; zwei Merkmale blieben: der große Einscherhebel und die Blocksperren auf Endwellen.

Anzeigen von Scheidt & Bachmann von 1906 und 1924 (rechts). *Sammlung Krebs*

Scheidt & Bachmann

Die 1872 gegründete Firma, abgekürzt SchuB, baute nicht nur mechanische Stellwerke, sondern 1906 das erste Druckluft- und 1930 das erste elektromechanische Stellwerk eigener Bauart. Sie ist der einzige Hersteller, der seitdem ununterbrochen und selbstständig Signalanlagen baute.[1]
Seit 1918 war SchuB Marktführer für mechanische Schrankenanlagen und nicht mehr die Firma Stahmer. Seit 1952 besaß SchuB in der alten Bundesrepublik ein Monopol auf die Herstellung von zugbedienten Anlagen für Bahnübergänge. Sie stellte auch Fahrscheinautomaten her. 1987 entwickelte die Firma für die Deutsche Bundesbahn ein System des signalisierten Zugleitbetriebs, das die Betriebsführung auf schwach belasteten Strecken rationalisieren sollte.
Seit 2004 liefert Scheidt & Bachmann elektronische Stellwerke mit vereinfachter Technik, Bauform ZSB 2000, für das Regionalnetz der Deutschen Bahn. Scheidt & Bachmann entwickelte bis 2020 das integrierte Bediensystem (iBS), das die herstellerübergreifende Bedienung moderner DSTW und ESTW ermöglicht.

1 Prinzipell auch Siemens & Halske, aber unterbrochen von einer Periode der Vereinigten Signalwerke (VES).

Im Stellwerk von Scheidt & Bachmann sehen wir Signal- und Weichenhebel, einen Umschalter über der Signalwinde, die wegen der großen Stellentfernung nötig war. *Foto: Lohner*

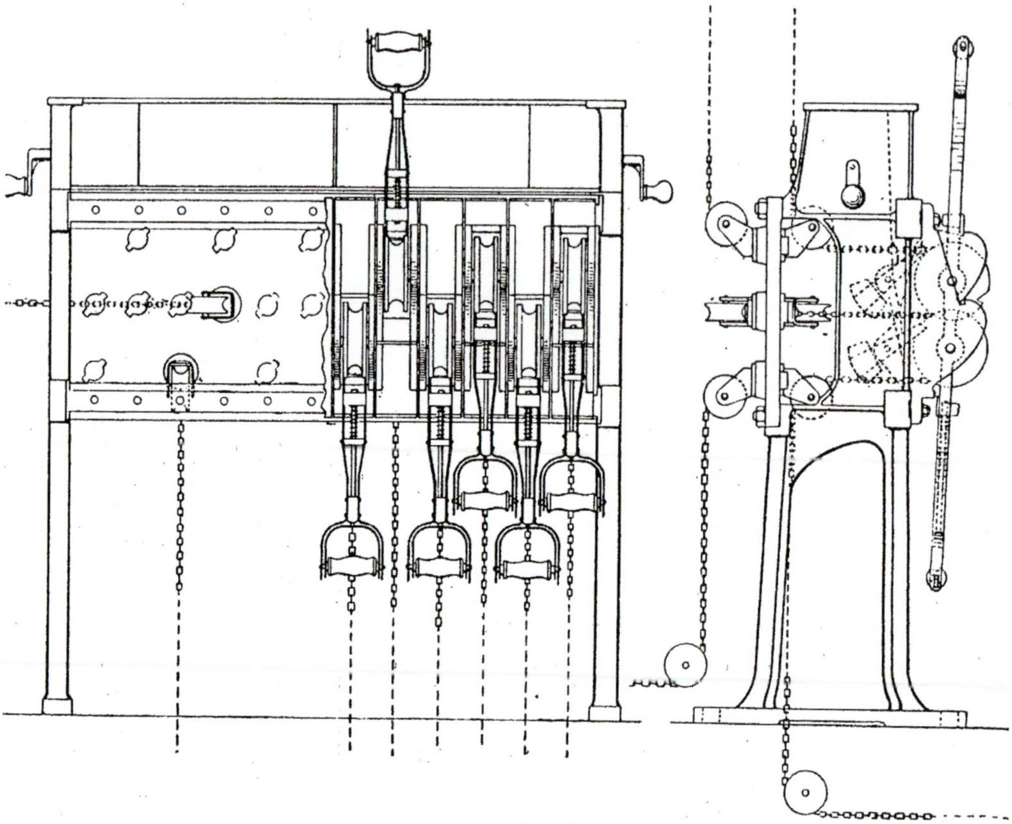

Das Kettenstellwerk war eine frühe Bauform von Siemens & Halske. *Entnommen: [5]*

Bauform Siemens & Halske

Diese Firma baute in großen Stückzahlen mechanische Stellwerke für das In- und Ausland, wandte sich jedoch zeitig den Kraftstellwerken in der elektrischen Ausführung zu.

Einer der bekanntesten Ingenieure war Carl Frischen, der 1871 das Kettenhebelstellwerk entwickelte, zuerst nur Befehlsstellen, bald auch Stellwerke mit Hebeln. Diese waren leicht austauschbar. Das Verschlusssystem mit Wellen wurde darüber gelegt und darauf der von Frischen und Siemens erfundene Felderblock (Bahnhofs- und Streckenblock) gesetzt. Früher als bei anderen Konstruktionen konnten die Weichen aufgefahren werden, und die Stellwerke erhielten Einrückhebel.

Bauform Stahmer

Carl Stahmer betrieb seit 1862 in Ösede bei Osnabrück eine Schmiede und lieferte dem Bergwerk Georgs-Marien-Verein Schmalspurwagen. Seit 1874 baute die Firma Schrankenanlagen, seit 1880 Signale, das erste Stellwerk 1890. Die Konstrukteure hatten eine Vorliebe für konische Wendegetriebe und einen Weichen-Zwischenantrieb, obwohl gekuppelte Weichen problematisch waren und verboten wurden. Die getrennten Seilscheiben mit zwei Rollen der Weichenhebel dürfen daher nicht verwundern. Die Seilscheiben sind freilaufend gekuppelt. Erst wenn die zentrale Handfalle betätigt wird, werden Hebel und Seilscheibe eine starre Einheit.

Die im Spannwerksraum hängenden Gewichte waren ebenfalls eine Spezialität von Stahmer. Deshalb

Eine Hebelbank von Stahmer in Arnsheim Nord und der Hebel zur Weiche 29 mit der getrennten Seilscheibe. *Fotos (2): Lohner*

genügte von der Seilscheibe nicht ein Seilpaar, sondern zwei Paare wurden nach unten geführt, von denen zwei wieder nach oben zurückliefen.

Der Weichenhebel besitzt als einziger unter den Bauformen rechts einen fest eingebauten und plombierten Ausrückhebel.[4] Die Umschalthebel für Signale und Riegel unterscheiden sich von dem der Bauformen Jüdel und Bruchsal, außerdem bei Stahmer zwischen Signal- und Riegelhebel.

Sehr unterschiedlich gegenüber der Bauform Einheit sind die Blocksperren unter den Fahrstraßenhebeln. Fahrstraßenschieber unter dem Blockuntersatz führen in ihn, die Blocksperren haken direkt in diese hinein. Der Blockkasten musste deswegen nach hinten versetzt werden, die Signalschubstangen liegen unter den Fahrstraßenschiebern, nicht darüber, weil sie sonst nicht in den Blockuntersatz passten. Der Verschlusskasten ist schmaler als bei anderen Bauformen und in zwei Lagen übereinander.

Zum Stellwerk der Bauform Einheit trug Stahmer durch das Wendegetriebe für den Leitungsanschluss der Signale bei. Bekannt wurde die Firma vor allem durch die elektropneumatischen Kraftstellwerke.

4 Bei anderen Bauformen sind die Ausscherzeichen der Stellhebel plombiert.

Bauform Weinitschke

Abgesehen von den Schlüssel- und Kurbelwerken (siehe dort) war dieser Stellwerkshersteller wenig bekannt. Nach bisherigen Kenntnissen sind die Stellwerke dieses Herstellers Lizenzbauten von Jüdel bzw. als Bauform Einheit gefertigt.

In der DDR ging die Firma über den VEB Weinitschke im VEB Gaselan auf (siehe rechte Seite). Der Sitz der Gesellschaft wurde 1949 in die Westsektoren von Berlin und 1961 nach Braunschweig verlegt. Dort soll sie noch bis um 1962 Teile für Signalanlagen gebaut haben, blieb aber wenig bedeutend.

Auf dem Bahnhof Gorzów Wielkopolski Zieleniec (Rosswiese) ist noch ein Stellwerk von Weinitschke zu finden. Signal-, Weichen- und Riegelhebel (rechts) und Fahrstraßenhebel (unten).

Fotos: Pfannschmidt

Werkteil des VEB Gaselan

Zu den Firmen, die Teile für die Sicherheitstechnik der Eisenbahnen herstellten, gehörten in Berlin auch Roessemann & Kühnemann. Dessen Personal wechselte zur Firma Soelling & Weinitschke, später A. Weinitschke, die Stellwerke herstellte. Die Paul Weinitschke GmbH wurde per Beschluss des Magistrats von Groß-Berlin vom 8. Februar 1949 in Volkseigentum übergeführt und vom 1. Mai 1951 an als Werkteil dem VEB Gaselan unterstellt, der wiederum erst im VEB Signalbau Berlin und 1953 im VEB Werk für Signal- und Sicherungstechnik Berlin (WSSB) aufging.

Firmenschild des VEB Gaselan (vorm. Weinitschke) aus Berlin am Blockuntersatz eines mechanischen Stellwerkes der Bauform Einheit.
Foto: Jürgen Krebs

Bauform Willmann

Zu den bis 1923 bestehenden Stellwerksbaufirmen gehörte die von Willmann & Co.. Das Merkmal dieser Stellwerksbauform ist die unübliche Anordnung der Blocksperren über den Fahrstraßenhebeln und die Anzeige am Stellhebel, wenn er ausgeschert ist. Dann dreht sich ein Schild mit der Weichenbezeichnung um 90 Grad, das das rote Störungszeichen freigibt.

Die nach dem Ersten Weltkrieg verschwundene Firma baute auch Kurbelwerke ähnlich denen der Bauform Jüdel.

Die Blocksperren befinden sich über den Fahrstraßenhebeln; Blockwerk Bauform Willmann - Betriebsbahnhof Pfahlgraben Stellwerk »Pf« (2000).
Foto: Erich Preuß

Das Störungszeichen am (blauen) Weichenhebel ist nicht sichtbar, solange er nicht ausgeschert ist. Hebelbank Pfahlgraben - Bauform Willmann *Foto: Erich Preuß*

Bauform Zimmermann & Buchloh

Die von Eduard Zimmermann und Ernst Buchloh 1878 in Berlin gegründete Firma baute in ihren Stellwerken Gestänge zum Antrieb der Weichen und Signale ein, die in mitrollenden Führungen (Kugeln, später Walzen) lagen. Die Abhängigkeit zwischen dem Signal- und dem Weichenhebel wurde durch einen unmittelbar unter der Stellrolle des Signalhebels geführten Schieber hergestellt, der durch den am Stellbock gelagerten zweiarmigen Hebel und das Gestänge an die Zungenverbindungsstange der zu sichernden Weiche angeschlossen war. Dieser Langwellenverschluss bewährte sich nicht.

Die Langwellen waren an die besonderen Zwischenhebel und die Querwellen an die Weichenhebel derart angeschlossen, dass sie beim Umlegen der Hebel in drehende Bewegungen versetzt wurden. Erst wenn der für eine Fahrstraße entsprechende Zwischenhebel umgelegt war, wurde der Signalhebel beweglich. Die Zwischenhebel waren die Vorläufer der Fahrstraßenhebel.

Bei der neueren Bauform liegt das Verschlussregister fast auf der Höhe des Fußbodens und damit

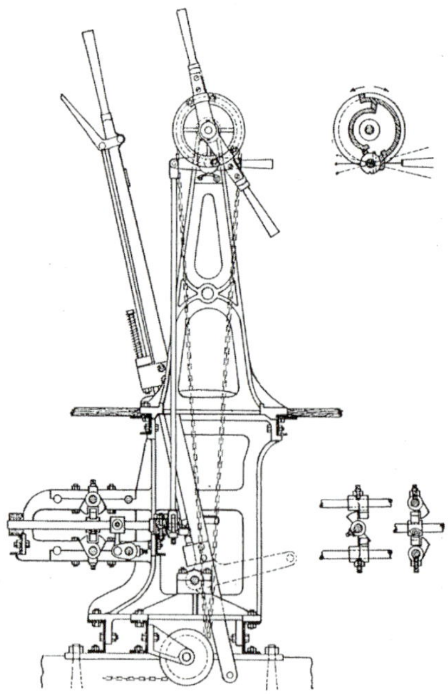

Die frühe Form des Signalhebels besaß den langen Stell- und Umschalthebel sowie Kettenantrieb.

Entnommen: [6]

Wöhlert half

Die bei der Berlin-Hamburger Eisenbahn Angestellten Eduard Zimmermann und Ernst Buchloh gründeten 1878 ihre Firma, die 1880 auf dem Bahnhof Hagenow das erste Stellwerk nach ihrem Patent bauen durfte. Weil ihnen die Werkstatt fehlte, half die Maschinenfabrik Wöhlert in Berlin. Die eigenständige Fabrik entstand 1881 in der Fehrbelliner Straße.
1909 wurde die Firma Zimmermann & Buchloh zur Aktiengesellschaft, die im selben Jahr mit Schnabel & Henning sowie mit Carl Stahmer kooperierte. Das Berliner Werk Borsigwalde von Zimmermann & Buchloh ist am 1. Januar 1912 stillgelegt worden, aber 1917 bildeten die drei vorgenannten Firmen mit weiteren kleinen die Deutsche Eisenbahn-Signalwerke A.-G. vormals Schnabel & Henning, C. Stahmer und Zimmermann & Buchloh.

Stellwerk »B 1« in Hosena. Hinter den Riegelhebeln befinden sich Schlösser für die ortsgestellten Weichen, die vom betreffenden Hebel verriegelt werden. *Foto: Lohner*

noch tiefer als die Grundplatte der Weichen- und Signalhebel. Deshalb ist eine besondere Verbindung des Verschlussregisters mit den Weichenhebeln erforderlich. Die Stellwerke besitzen keine Verschlussbalken, sondern Wellen, die keine Verbindung zu den Fahrstraßenschubstangen haben. Die Verschlussstücke der Schubstange schieben sich unter bzw. über an der Welle angebrachte Flügel.
Für den Bau der bayerischen Stellwerke erhielten die Firmen Späth und Harwig in Gera die Lizenz. Zimmermann & Buchloh baute auch Kurbelwerke.

Erst 1956 erhielt der Bahnhof Zinnowitz dieses Stellwerk der Bauform Zimmermann & Buchloh (2000). *Foto: Erich Preuß*

Bauform 51

Die Deutsche Reichsbahn in der DDR entwickelte und baute die Bauform 51, weil nach der Währungsreform 1948 von keiner der herkömmlichen Bauanstalten in Westdeutschland Stellwerke bezogen werden konnten. Die Bauform entsprach den Erkenntnissen mit den Relaisstellwerken und stellt eine Mischform von diesen mit der mechanischen Bauart dar.

Die Kombination von mechanischem Stellwerk und dem Relaisstellwerk war notwendig, weil sich mit dem auf mechanischen Stellwerken erzeugten Wechselstrom (mit Hilfe der Induktorkurbel) keine Abhängigkeit mit den elektromechanischen und elektrischen Teilen des Stellwerks erreichen lässt, die mit Gleichstrom arbeiten.

Das Stellwerk Block 51 weist gegenüber dem der Bauart Einheit folgende Besonderheiten auf:

1. Wegfall des Blockwerks, des Blockuntersatzes und der mechanischen Blocksperren. Die Funktion der entfallenden Teile wird von elektrischen Fahrstraßenhebelsperren, die am hinteren Hebelbankwinkeleisen befestigt sind, in Verbindung mit elektrischen Signalhebelsperren übernommen.
2. Wegfall der Fahrstraßenschubstangen, Antriebswellen und der Lagerteile und
3. Wegfall der Signalschubstangen.

An den anderen Elementen des Einheitsstellwerks, insbesondere am Verschlussregister, wurde nichts geändert. Der Wechselstromblock wurde als Relaisblock ausgebildet und von einem kleinen Pult bedient, das aus Bauelementen des Gleisbildstellwerks gebildet ist.

Das Besondere ist die elektrische Fahrstraßenhebelsperre, die in sich die Blocksperren des Bahnhofsblocks vereint und eine kombinierte Fahrstraßenhebel- und Fahrstraßenfestlegesperre ist. Während für den Streckenblock ein Bedienpult mit Tasten und Lampen gleich dem Gleisbildstellwerk zur Verfügung steht, ist an der Hebelbank ein Aufbau mit Tasten und Ausleuchtungen angebracht.

Dieser Aufbau enthält folgende Einrichtungen:

- die Zustimmungsanforderungstaste und die entsprechende Löschtaste
- die Rücknahmehilfstaste für den Fall, dass eine vom Wärter bereits festgelegte Fahrstraße zurückgenommen werden sollte

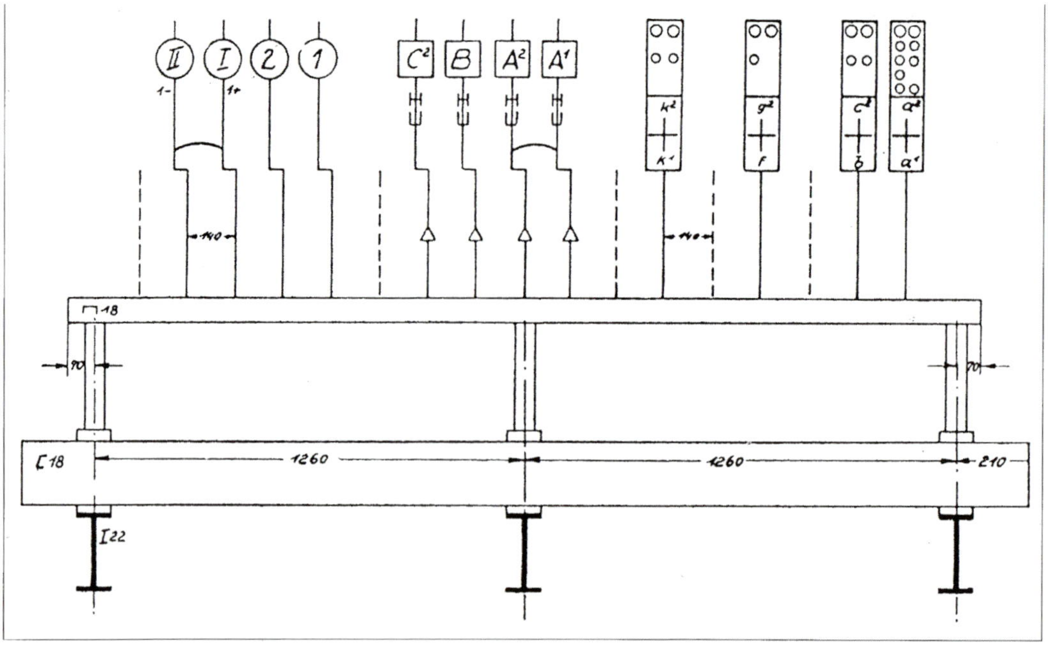

Schema des Stellwerks Relais 51: Die Hebelbank mit Riegel- und Weichenhebel (links), in der Mitte die Signalhebel und rechts die Fahrstraßenhebel mit den Meldelampen darüber. *Slg: Erich Preuß*

Bauart 51 – Aus der Not geboren

Die Stellwerksbauform wurde vermutlich erstmals 1951 erprobt und wird deshalb Block 51 oder Relais 51 genannt. Sie ist eine vom Technischen Zentralamt der Deutschen Reichsbahn entwickelte Kombination des mechanischen Stellwerks und des Bahnhofsblocks auf Relaisbasis. Die Deutsche Reichsbahn brauchte nach 1945 für die wieder aufgebauten Stellwerke, auf neuen oder erweiterten Bahnhöfen Ersatz, den wegen der Währungsreform keiner der bisherigen Stellwerkshersteller liefern konnte, so dass die Deutsche Reichsbahn sich selbst half und die Stellwerke in ihrem Signal- und Fernmeldewerk (SFW) herstellen ließ.

- die Hilfstaste für den Fall, dass eine vom Fahrdienstleiter und vom Wärter bereits festgelegte Fahrstraße zurückgenommen werden sollte
- die Fahrstraßenauflösetaste
- die Befehlsabgabetaste im Befehlsstellwerk
- die Nottaste, um im Gefahrenfall ein auf Fahrt stehendes Signal in die Haltstellung bringen zu können.

Meldelampen zeigen den jeweiligen Zustand an.
Der Bahnhofsblock wird nicht durch eine Induktorkurbel bedient, wie beim mechanischen Stellwerk. Allein das Umlegen des Fahrstraßenhebels genügt, dass die entsprechenden Relais wirksam werden.

Das Hauptsignal wird, wie beim konventionellen mechanischen Stellwerk, durch Umlegen des Hebels auf Fahrt gestellt. Wo für die Lichtsignale Bedienpulte eingerichtet wurden, wird die entsprechende Signaltaste gedrückt.

Das Stellwerk ist teilautomatisiert. Es nimmt verschiedene Vorgänge, wie wir sie vom Gleisbild- bzw. Drucktastenstellwerk kennen, vorweg.

Im Stellwerk »B 5« von Hoyerswerda (1999): Die Fahrstraßenhebel mit den elektrischen Fahrstraßenhebelsperren und den Meldelampen, links das Hebelwerk, und dahinter sind Teile der Fahrstraßenschubstangen zu erkennen.
Foto: Erich Preuß

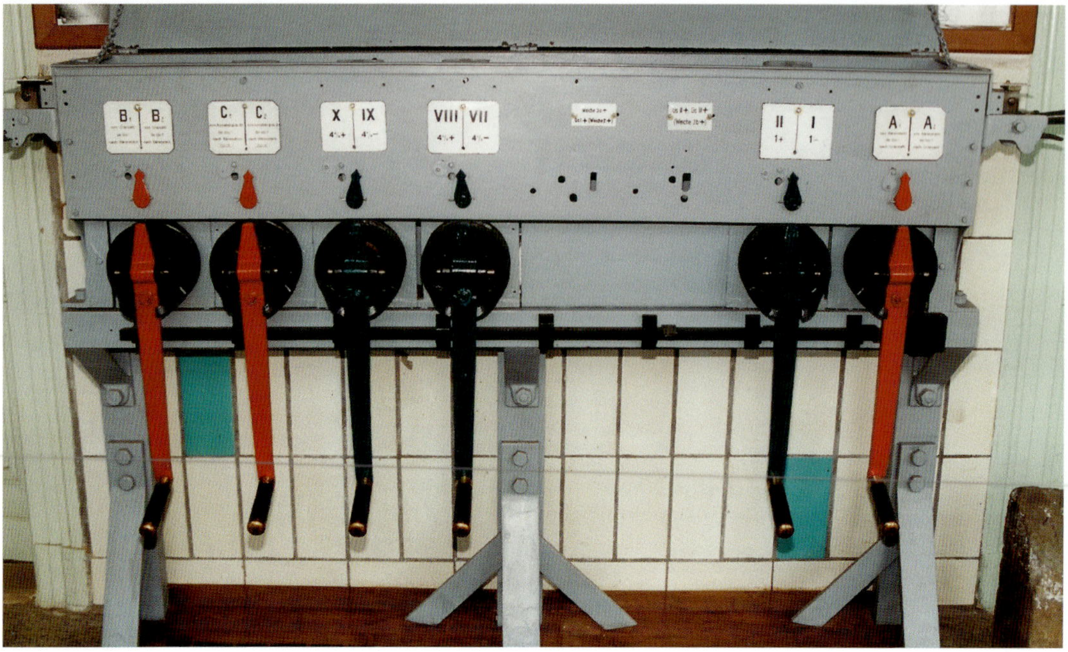

Der Hebel muss vor dem Bewegen ausgeklinkt werden. Kurbelwerk der Bauform Jüdel auf dem Museumsbahnhof Großvoigtsberg. *Foto: Lohner*

Kurbelwerke

Diese, mehrheitlich bis zum Ersten Weltkrieg gebauten Stellwerke kommen auf kleinen Bahnhöfen mit ortsgestellten Weichen vor. Oft sind sie auf dem Bahnsteig aufgestellt und durch ein Häuschen vor dem Wetter geschützt. Vom Kurbelwerk aus werden die Weichen nicht umgestellt, sondern mit Hilfe einer Kurbel verriegelt. Der Kurbelhebel muss ausgeklinkt und nach der vollen Drehung wieder eingeklinkt werden. Ein Pfeil zeigt die Stellung des Riegels an, zum Beispiel Weiche 7 in der Minusstellung.

Seitlich des Kurbelwerks sind die Fahrstraßenhebel angebracht. Lassen die sich bei richtiger Stellung von Weiche und Riegel umlegen, kann auch der Kurbelhebel für das Hauptsignal bewegt werden.

Oft gehörte zum Kurbelwerk ein Fahrrad, damit bei Zugkreuzungen der Fahrdienstleiter schnell zu einer entfernt gelegenen Weiche fahren konnte, um sie umzustellen. In Sachsen waren mitunter die Kurbelwerke mit dem Befehlswerk der Bauart Ulbricht/Möllering kombiniert.

Es gab auch große Kurbelwerke, meist waren es Befehlsstellen auf Bahnhöfen mit mechanischem Bahnhofsblock. Der Fahrdienstleiter erteilte mit Hilfe von Seilzügen den Wärtern Befehle zum Einstellen der Fahrstraße und verschloss sie dann auch (siehe Kastentext »Kugelblock«).

Von Thomass um 1900 gebautes Kurbelwerk, vermutlich eine Lizenz von Zimmermann & Buchloh für die Signalbedienung auf dem Bahnhof Großharthau (2000).

Foto: Kaden

1999 wurde das Kurbelwerk der Bauform Bruchsal in Großvoigtsberg restauriert; die Signale und Riegel sind noch bedienbar. *Foto: Lohner*

Die wichtigsten Lieferanten von Kurbelwerken waren die Firmen Jüdel, Henning & Schnabel (Bruchsal), Vögele (Karlsruhe), Carl Thomass Maschinenfabrik und das Dampfhammerwerk in Dresden. Thomass baute in Lizenz, auch das seltene Kurbelwerk von Zimmermann und Buchloh, jedoch mit nach vorn stehenden Fahrstraßenhebeln und mit Holzgriffen.

Signalstellbock (Jüdel) mit Kurbelwerk auf dem Bahnsteig von Herzberg (Mark) für die Einfahrsignale aus Richtung Rheinsberg (Mark) und Neuruppin. Die ortsgestellten Weichen wurden mit einem Fahrrad erreicht. (2005). *Foto: Jürgen Krebs*

Rot sind am Kurbelwerk von Harsdorf die Signal-, grün die Fahrstraßenhebel, unter ihnen die Symbole der Signalstellungen (1999). Foto: Erich Preuß

Sieht in Harsdorf sehr bayerisch aus und ist von Nöll & Co. Würzburg nach dem System Büssing i. F. Max Jüdel & Co. Braunschweig 1901 gebaut worden. (1999) Foto: Erich Preuß

Im Stellwerk »W 1« von Kietz (1999). In den farbigen Linien des Schlüsselwerks erscheinen kleine rote oder weiße Felder. Hier handelt es sich quasi um eine Luxusausführung mit Hebelbank und Blockapparat. Foto: Erich Preuß

Schlüsselwerke

Einrichtung

Schlüsselwerke sind Einrichtungen, die die erforderlichen Abhängigkeit zwischen den Signalen und den ortsbedienten Weichen, Riegeln und Gleissperren herstellt, aber nicht, wie beim üblichen Stellwerk im Verschlusskasten, sondern mit Hilfe von Schlüsseln.

Das Signalhebelschloss wird erst dann frei, wenn alle Weichen und Flankenschutzeinrichtungen der betreffenden Fahrstraße in der richtigen Stellung stehen und die Schlüssel ihrer Handverschlüsse im Schlüsselwerk eingeschlossen sind.

In die Abhängigkeit können, wiederum mit Schlüsseln auch Schrankenkurbeln, bewegliche Brücken oder Tore einbezogen werden, deren Schlüssel sich erst dann abziehen lassen, wenn sie sich in einer für die Fahrstraße zulässigen Stellung befinden.

Das Schlüsselwerk enthält in seinem unteren Teil die Werkschlösser für die Schlüssel der Außenanlagen und die Signalhebelschlösser, im oberen Teil das Verschlussregister. Das besteht aus senkrechten Block- und Weichenschiebern sowie den waagerecht verlaufenden Fahrstraßenschiebern. Letztere werden durch die Schlüssel der Signalhebelschlösser bewegt, erstere durch die im Blockwerk angeordneten Blockfelder und/oder durch die anderen Werkschlösser. Die auf den Weichen- und Blockschiebern angebrachten Verschlussstücke bewirken die Abhängigkeiten.

Bauarten der Schlüsselwerke

Die Firma Weinitschke in Berlin-Lichtenberg stellte die meisten Schlüsselwerke her. Nach einer Reichsbahn-Verfügung von 1942 durften alle anderen Bauformen nicht mehr gefertigt werden. Weinitschke erhielt derart das Monopol auf Schlüsselwerke. Nur die Firma Daum stellte im Westen nach 1948 noch kleine Schlüsselwerke her, ebenfalls die Firma Siemens. Diese sogar mit elektrischen Schlüsselsperren für Ausweichanschlussstellen, die fernbetätigt werden konnten.
Verbreitet war das »Einheitsschlüsselwerk« mit 16 Schlössern, von denen höchstens 10 für Fahrstraßen verwendet werden konnten. Bis zu drei Schlüsselwerke wurden in einem Raum aufgestellt. Einige Schlüsselwerke der Deutschen Reichsbahn wurden sogar mit einer Hebelbank sowie dem Bahnhofs- und Streckenblock verbunden. Die Abhängigkeit mit Schlüssen wechselte dadurch von der ortsgestellten Weiche zur Hebelbank im Raum.
Auf das Blockwerk kann bei einfachen Verhältnissen verzichtet werden, zum Beispiel wenn auf dem Bahnhof nur das eine Stellwerk vorhanden ist. Andererseits gibt es allerlei Varianten wie Schlüsselwerke auf Bahnhöfen mit fernbedienten Weichen oder solchen mit Lichtsignalen, wo der Signalschlüssel den Schalter zum Lichtsignal freigibt.
Die Bedienung der ortsgestellten Weichen oder auf der Hebelbank mit dem Auf- und Verschließen der Weichen und Gleissperren sowie das Bedienen des Schlüsselwerks erlauben keine schnellen Fahrstraßenwechsel.

Bis zur Inbetriebnahme des elektronischen Stellwerks am 25. Februar 2008 wurden die Zugfahrten im Bahnhof Oderbrücke von einem Schlüsselwerk im Stellwerk »W 1« und einem in diesem Stellwerk »B 2« gesichert (1999). 1951 entstand durch die Oder-Neiße-Grenze dieser Grenzbahnhof mit den Schlüsselwerken. Aus dem vorübergehenden Zustand wurde ein dauernder, wofür die Schlüsselwerke nicht gedacht waren. *Foto: Erich Preuß*

Bedienung

Die Fahrstraßen sind an der Frontplatte durch farbige Streifen dargestellt. In kleinen Ausschnitten zeigen die Weichenschieber in rot an, dass noch der Schlüssel der betreffenden Weiche eingeführt und geschlossen werden muss. Erst wenn alle roten Stellen der farbigen Fahrstraßenlinie verschwunden sind, befinden sich die Weichenschieber in der richtigen Stellung. Der Signalschlüssel kann entnommen, mit ihm der Signalhebel aufgeschlossen und umgelegt werden.

Solange dieser Schlüssel aus dem Schlüsselwerk entfernt ist, können die zur Fahrstraße gehörenden Weichenschlüssel nicht entnommen und die Weichen nicht umgestellt werden. Das Schlüsselwerk stellt auch die Abhängigkeit zwischen den Fahrstraßen her, so dass »feindliche Zugfahrten« unmöglich sind.

Die Bedienung der Schlüsselwerke ist ziemlich umständlich und zeitraubend. Deshalb werden sie nur bei Bauzuständen und auf kleinen Betriebsstellen geringer Bedeutung eingesetzt. Die Deutsche Reichsbahn verwendete die Schlüsselwerke nach dem Wiederaufbau von Bahnhofsanlagen nach der Kriegszerstörung, nach Umbauten und zur Erweiterung von Stellwerksanlagen als Dauerzustand.

Einfaches Schlüsselwerk für eine Weiche und zwei Gleissperren in Nordhausen Nord (2025).
Foto: Jürgen Krebs

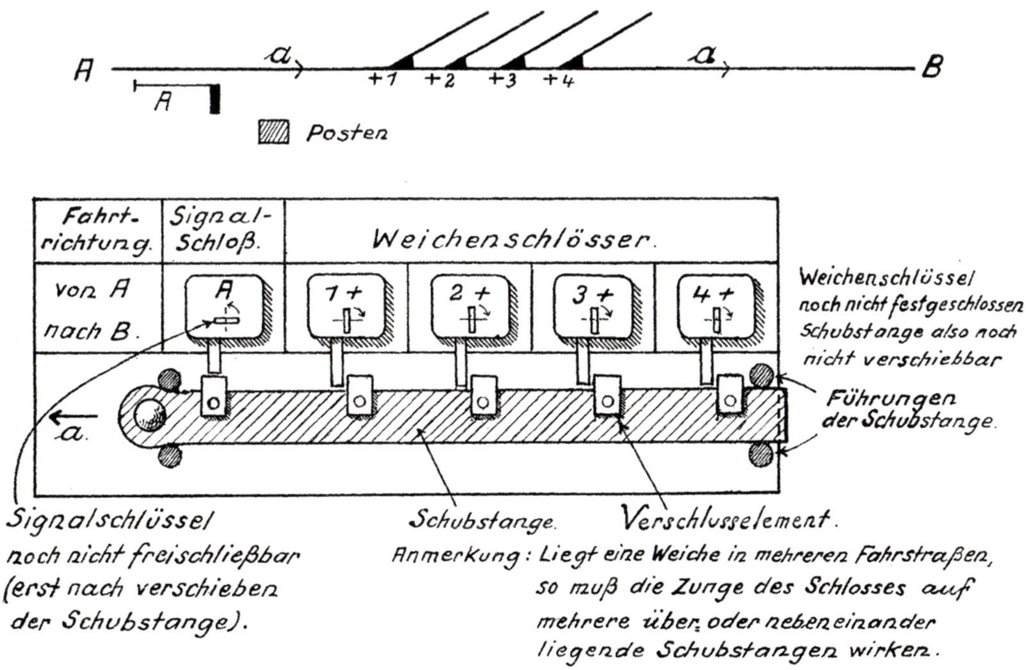

Das Prinzip des Schlüsselwerks: Die Weichenschlösser müssen verschlossen sein, dann verschiebt sich beim Drehen des Signalschlüssels die Schubstange, wenn es die Verschlusselemente erlauben. Der Signalschlüssel kann entnommen werden.
Entnommen: [5]

Kraftstellwerke

Kraftstellwerk ist die veraltete Bezeichnung für jene Stellwerke, die nicht mehr mit Muskelkraft, sondern mit Hilfe der Druckluft (»Pressluft«) oder des elektrischen Stroms bedient wurden.
Bereits 1870 entwickelte Henning (Bruchsal) ein Druckwasserstellwerk. Dabei gelangte das Wasser über ein Röhrensystem zu den Weichen und Signalen. In Deutschland kamen Stellwerke, die mit Druckwasser arbeiteten nicht zum Einsatz.
Als Druckluftstellwerke - auch Preßluftstellwerke - wurden jene Stellwerke bezeichnet, bei denen die Bewegung der Weichen und Signale u.s.w. durch Druckluft bewirkt wurde. Je nach der Höhe des im Regelbetrieb verwendeten Luftdrucks bezeichnete man diese Stellwerke als Niederdruck- (1-1,5 bar), Mitteldruck- (2,5–3 bar) und Hochdruckstellwerke (4–5 bar).

Ein wesentlicher Vorteil zu bisherigen Stellwerken: Das Gebäude konnte für einen guten Blick auf die zu bedienenden Weichen und den Betriebsablauf quer zu den Gleisen angeordnet werden. Stellwerk 3 in Karl-Marx-Stadt- (Chemnitz-) Hilbersdorf. *Foto: Kaden*

Ein- und Mehrreihen-Stellwerke

Neben den in großer Stückzahl gebauten Einreihen-Stellwerken mit den waagerecht und in der Lotrechten in einer Reihe angeordneten Hebeln sind für große Bahnhöfe Mehrreihen-Stellwerke gebaut worden, deren Hebelplätze pultartig gestaltet sind, sodass die Hebel in mehreren Reihen hintereinander stehen.
Zwei-, Drei- und Vierreihen-Stellwerke wurden geliefert, wegen der komplizierten Konstruktion selten Fünf-, Sechs- und Siebenreihen-Stellwerke. Die zuletzt genannten wurden aber für keine deutsche Bahnverwaltung errichtet.

Das Stellwerk »Sot« in Stendal war das letzte mit Druckluft betriebene Stellwerk in Deutschland. Es war bis 1975 in Betrieb. *Foto: Sammlung Krebs*

Blick auf einen Teil des Hebelwerks des Druckluftstellwerks »Sot« der Bauform Scheidt & Bachmann in Stendal. In der Grundstellung standen die Weichenhebel nach oben und die Fahrstraßenhebel waagerecht. *Foto: Sammlung Steffen Werner*

Es gibt auch Kraftstellwerke, die keiner Bauform zuzuordnen sind: Hier ein Eigenbau der Signal- und Fernmeldemeisterei Magdeburg für das Stellwerk »R 2« in Magdeburg-Rothensee. *Foto: Erich Preuß*

Die Steuerung der Druckluft in den Antrieben geschah entweder auch durch Druckluft (mit Druckflüssigkeit), vielfach aber auch elektrisch. Diese nannte man elektrisch gesteuerte Druckluftstellwerke oder elektropneumatische Stellwerke.

Druckluftstellwerke konnten auch zu anderen Stellwerken Abhängigkeiten herstellen. Die Firmen Scheidt & Bachmann und die Deutschen Eisenbahn-Signalwerke, vormals Stahmer, bauten solche Anlagen. Das letzte mit Druckluft betriebene Stellwerk war das 1913 gebaute »Sot« auf dem Bahnhof Stendal, das 1975 stillgelegt wurde.

Mit der Einführung des Elektromotors begann der Siegeszug der Kraftstellwerke. So konnten die die elektrischen Stellwerke entstehen, die seit 1948 als elektromechanisch bezeichnet werden, um sie von den zu dieser Zeit neuen Relaisstellwerken zu unterscheiden. Denn gegenüber dem mechanischen Stellwerk werden die Weichen und Signale mit Hilfe von Motoren umgestellt (angetrieben), so dass die zugehörigen Hebel im Stellwerk wesentlich kleiner ausfallen konnten. Sie sind im Prinzip nur Schalter, auch Knebel genannt. Geblieben ist allerdings das mechanische Verschlussregister, wenn auch in verkleinerter Form gegenüber dem im mechanischen Stellwerk.

Zunächst wurden getreu dem mechanischen Stellwerk die Funktionen der Weichen-, Fahrstraßen- und Signalhebel übernommen. Später folgte die einfachere Variante mit dem kombinierten Fahrstraßen- und Signalhebel, als Fahrstraßensignalhebel bezeichnet. 1891 stellte die Wiener Filiale der Siemens & Halske A.G. auf der internationalen elektrotechnischen Ausstellung in Frankfurt a. Main das erste elektrische Stellwerk im deutschsprachigen Raum vor. Siemens & Halske Wien nahm 1894 das erste elektromechanische Stellwerk in Prerau (Přerov), Typ 94, in Betrieb. Es folgten 1896 die Stellwerke in Berlin-Westend und in Untertürkheim. 1896 ist als Typ 96 auch das erste Dreireihen-Stellwerk gebaut worden, mit drei Hebel-Reihen übereinander.

Die elektromechanischen Stellwerke können auch mit einem Stellpult des Relaisstellwerks kombiniert sein, von dem aus nach dem Herstellen der Abhängigkeiten die Lichtsignale bedient werden. Das war nach 1953 häufig bei der Deutsche Reichsbahn in der DDR der Fall.

Vor- und Nachteile

Dass die Weichen und Signale nicht mit Muskelkraft gestellt werden müssen, auch die Drahtzugleitungen durch Kabel ersetzt wurden und deshalb Spannwerke unnötig sind, erweist sich als Vorteil: Der Einsatz von Frauen im Stellwerksdienst, größere Stellwerksbereiche mit Entfernungen bis zu 550 Meter bei Weichen, 1800 Meter bei Form- und 2500 Meter bei Lichtsignalen, Stellwerksbauten quer über die Gleisanlagen mit bester Übersicht oder filigran, wenn der Platz für den Hochbau knapp ist, waren nun möglich.

Das Rangierpersonal konnte auch nicht mehr über Drahtzugleitungen stolpern, da die Kabel – darunter selbst empfindliche Blei-Erdkabel – vergraben wurden.

Von Nachteil sind die wesentlich höheren Anschaffungs- und Wartungskosten insbesondere für die Batterien und spezialisiertes Personal, das die Anlagen instand hält.[1] Nachteilig ist ferner, dass das Stellwerk von der Stromversorgung abhängig ist. Notstromaggregate, möglichst sich selbst einschaltende[2], sind notwendig. Batterien können den Netzausfall über 12 bis 16 Stunden überbrücken. Wenn eine Weiche nicht in die Endlage gelangt, bemerkt der Bediener das auf dem mechanischen Stellwerk an der Handfalle, beim elektromechanischen Stellwerk an der Überwachungsanzeige. Doch eine zu schwache Durchzugskraft der Motoren führte rasch zur Störung, so wenn die Weichenzunge etwa bei Schneeverwehung nicht in die Endlage gelangte. Abhilfe brachte erst die Verstärkung der Festhalte- und Auffahrkraft der Kupplungen.

Unter den elektromechanischen Stellwerken gibt es eigentlich nur zwei Hauptbauarten, die der A.E.G. bzw. AEG und die von Siemens & Halske. Die Unterschiede der Unterbauarten sowie die Bauformen anderer Hersteller sind minimal.

1 Die Eisenbahner der Instandhaltung müssen alle vier Bauarten der Stellwerke einschließlich der unterschiedlichen Bauformen beherrschen. Es gibt wohl, auch bei der Deutschen Bahn, kaum einen Instandhaltungsbereich, der nur mit einer Bauform ausgestattet ist.

2 Anfangs musste bei Netzausfall der Dieselmotor mit Hilfe einer Kurbel gestartet werden.

Bauform A.E.G.

Die Schalthebel sind kleine Handhebelchen, die mit den Steuer- und Abhängigkeitskontakten in einem Rahmen eingebaut sind. Der Rahmen sitzt auf einer Hebelbank. Die Grundstellung

- der Weichen– und Signalhebel: schräg nach rückwärts;
- der Fahrstraßenhebel: senkrecht aufwärts.

Beim Umstellen der Weichen- oder Signalhebel folgt der Antrieb nicht im selben Moment; er leitet erst die Stellbewegung ein. Der Stellstrom bewegt den Antrieb. Abweichungen zwischen der Hebelstellung und der tatsächlichen Lage der Weiche oder des Signals werden in einem Schaufenster im Schutzkasten der Hebelbank angezeigt. Beim Fahrstraßenhebel zeigen die Schaufenster die Vorgänge des Bahnhofsblocks.

Die Abhängigkeit zwischen den Signal- und Weichenhebeln erreicht das Verschlussregister, genauso wie bei den mechanischen Stellwerken, mit Schubstangen und Verschlussbalken. Die richtige Lage der Weiche wird während der Signalstellung außerdem durch elektrische Abhängigkeiten überwacht.

In Gorzów Wlkp. (Landsberg [Warthe]) haben sich 4 AEG-Stellwerke von 1912 / 1914 bis heute gehalten.
Foto: Pfannschmidt

Technisch und konzeptionell entsprachen die 1907 gebauten Einreihen-Stellwerke dem Typ E 07 von Siemens & Halske, aber sie wurden nicht weiterentwickelt. Als die AEG 1928 in den Vereinigten Signalwerken (VES) aufging, sind bei der Weiterentwicklung der Stellwerke nur die von Siemens & Halske, Bauform 1912, berücksichtigt worden. Dagegen setzte sich die AEG mit ihrem Tischhebel-Ablaufstellwerk durch, so dass diese Ablaufstellwerke von Siemens & Halske nicht mehr gebaut worden sind.

Bauform Gaselan

Die Deutsche Reichsbahn der DDR besaß rund 20 dieser Stellwerke, die sie einsetzte, wenn Bahnhofsanlagen erweitert werden mussten oder nach Kriegszerstörungen gebraucht wurden. Auf Veranlassung der Generaldirektion der Deutschen Reichsbahn im Jahr 1949, einen volkseigenen Betrieb zu finden, der das Stellwerk der Bauformen von Siemens nachbauen konnte, beauftragte das Ministerium für Maschinenbau das Funkwerk Köpenick.

1950 begann die Produktion von Ersatzteilen, und im gleichen Jahr nahm der VEB Gaselan auf Drängen der Deutschen Reichsbahn die Herstellung des elektromechanischen Zweireihenstellwerks auf. Es besteht aus dem Hebelwerk, mit dem ein Blockwerk verbunden sein kann, den Kabeln, den Antrieben, der Stromquelle und den Schalttafeln.

Die Hebel sitzen in zwei Reihen zu 16 Stück auf der Tischplatte. Für Stellwerke mit mehr als 32 Hebeln wurden mehrere Tische aneinandergereiht. Die Hebel sind umlegbar auf Achsen gelagert und in den Endstellungen sind die Hebel durch eine Handfalle gesichert.

Die Befehls-, Zustimmungs- und Fahrstraßenhebel können zunächst nur bis zu 20° umgelegt werden. Werden sie vollständig umgelegt, gehen der Befehl oder die Zustimmung an das abhängige Stellwerk, durch den vollständig umgelegten Fahrstraßenhebel wird der Hebel des abhängigen Signals frei. Es besteht eine Lampenüberwachung.

Stellwerk »B 1« in Aue (Sachs).
Die Bauform Gaselan sind Zweireihenstellwerke, wie sie ursprünglich die Firma Pintsch baute.
Foto: Erich Preuß

Bauform Orenstein & Koppel

Der Bauform AEG ähnlich mit senkrecht stehenden Weichen- und Fahrstraßenhebeln nach vorn oder/und hinten, aber ohne Mittelstellung. Das Verschlussregister liegt unterhalb der Hebelachse im hinteren Teil des Hebelwerks, die Farbscheibenüberwachung dagegen vor den Hebeln.
Die Firma spezialisierte sich als einzige außer den VES auf Zweireihenhebelwerke der Bauform O & K 1937, nachgebaut auch von Scheidt & Bachmann, ebenfalls verwendet vom VEB Gaselan.

Das einreihige Stellwerk von Orenstein & Koppel ähnelt dem von AEG. Dieses stand im Verkehrsmuseum Nürnberg und verschwand im Depot des DB-Museums.

Foto: Lohner

Ein Signalhebel, wie er im Stellwerk der Bauform Orenstein & Koppel steckt (rechts).

Foto: Lohner

Bauform Pintsch

Die Firma wurde im Rahmen der sogenannten Arisierung Nachfolger der Firma Orenstein & Koppel und baute das Zweireihen-Stellwerk des Typs 37 einige Jahre weiter. Dieses lebte nach 1950 als Gaselan-Stellwerk bei der Deutschen Reichsbahn wieder auf.

Das 1944 auf dem Stellwerk »W 1« von Neukieritzsch in Betrieb gegangene Stellwerk trug dieses Fabrikschild. *Foto: Lohner*

Bauform Scheidt & Bachmann

Obwohl dieser Hersteller sich aus dem gleichen Grund wie die Firma Pintsch erst in den 1930er-Jahren den elektromechanischen Stellwerken zuwandte, verwendete er nicht die bewährten Fahrstraßen- und Signalhebel, sondern dafür getrennte Hebel. Aus heutiger Sicht ist es verwunderlich, dass diese Hebel noch so ausgeführt wurden, obwohl bei Siemens & Halske schon viele Jahre der kombinierte Fahrstraßensignalhebel zum Standard geworden war.

Das auffälligstes Merkmal sind die ovalen statt der runden Hebel, die kleinen Sichtfenster der Farbscheibenüberwachung und das Verschlussregister in Höhe der Hebel und unter Glas hinter dem Aufbau. Die Schmetterlingswellen der Weichen sind mit denen der VES identisch, nur die Verschlussstücke sind anders.

Bauform Siemens & Halske 1912[3]

Die Einreihenhebelwerke der Bauform 1912 besitzen im Gegensatz zur Bauform 1907 farbige Drehschalter mit einem farbigem Strich auf weißem Grund, und zwar

- blau für Weichen, Gleissperren und Gleissperrsignal (dann mit rotem Ring) und senkrecht in der Plus-, waagerecht in der Minusstellung;
- grün für Fahrstraßenhebel, beiderseits für eine Fahrstraße bis 45° drehbar;
- weiß für Blockhebel, bis 45° umlegbar und mit Rückholfeder, selten;
- gelb für Leerhebel, nicht umlegbar, auch Blockdurchschalthebel für die Fälle, wenn eine Blockstelle auf Durchgangsbetrieb geschaltet wird;
- rot oder mit rotem Pfeil und einer Nase über der Pfeilspitze für den Fahrstraßensignalhebel.

Die Wellen der Drehschalter, die durch das Schalterwerk laufen, bewirken zugleich den Verschluss des mechanischen Verschlussregisters und tragen die Steuerkontakte. Die frühen Stellwerke dieser Bauform besaßen noch Relais oder Magnetschalter im Hebelwerk, ehe sie in Schränken oder im Relaisraum Einzug fanden.

Vorgänger der Bauform 1912 waren die der Bauform 1901 mit leicht nach hinten stehenden Hebelchen und die der Bauform 1907 mit den Sicherungen der Weichen nicht hinter der Klappe unter den Hebeln, sondern oben im Aufbau. In großen Stückzahlen gebaut wurden die Stellwerke der Bauform S & H 1912 mit der Farbscheibenüberwachung, obwohl es von 1907 an auch solche mit Glühlampenüberwachung gab.

Kein Stellwerk, sondern die Bauform S & H 1912 als Befehlsstelle in Bischofswerda. Die Kurbel links wurde für das Läutesignal an die Schrankenposten benötigt. *Foto: Kaden*

3 Die Bauform E 12 W wurde für Bahnhöfe in Wien hergestellt und bei ihr fast alles, auch der Überwachungsstrom mit 220 V, 50 Hz Wechselspannung.

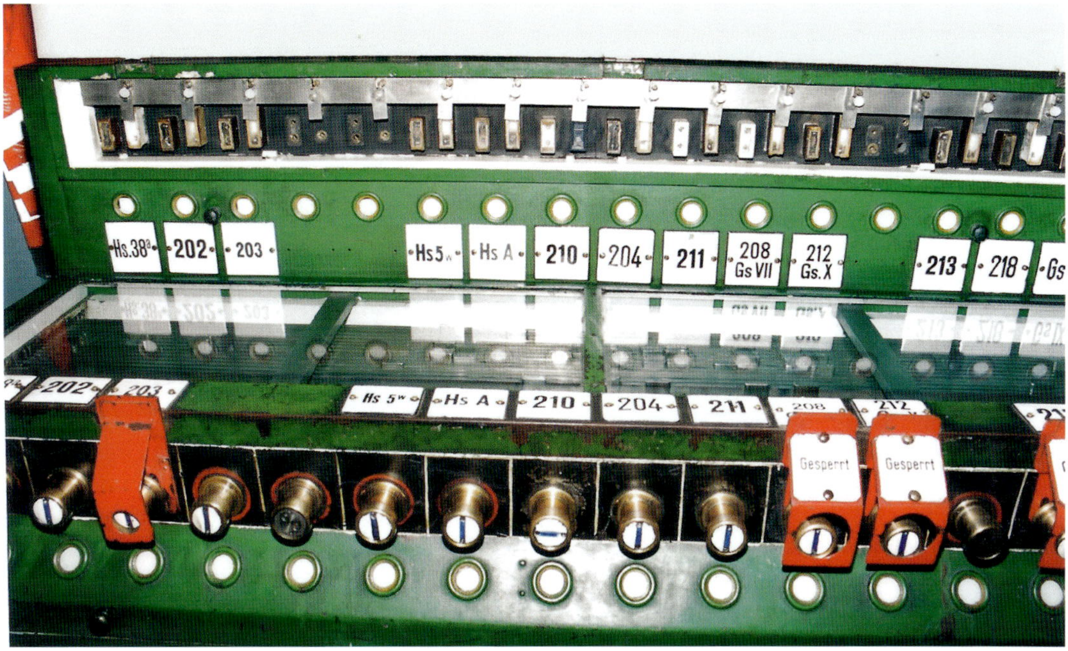

Bauform Siemens & Halske 1907 auf dem Stellwerk »W 8« in Zeitz. *Foto: Lohner*

Bauform Siemens & Halske 1912 auf dem Stellwerk »Gnf« in Gremberg. *Foto: Lohner*

Die ersten Stellwerke dieser Bauart wurden 1913 in Schönebeck gebaut und gingen am 1. April 1914 in Betrieb. Sie besaßen als Versuchsanlagen 49 (Stellwerk Smt), 34 (Stellwerk Spt) bzw. 32 (Stellwerk Sst [siehe Seite 14]) Hebelplätze mit einem Abstand von 60 mm. Bei der Regelbauart beträgt der Abstand ebenfalls seit 1913 75 mm.

Der bereits genannte Fahrstraßensignalhebel wirkt bei einer Stellbewegung von 0° bis 45° als Fahrstraßenhebel und erst in der letzten Hälfte der Bewegung bis 90° als Signalhebel. Während der Drehung bis 45° wird die Schubstange des mechanischen Verschlussregisters bis in ihre, die Weichenschalter festhaltende Endlage gebracht, bei der weiteren Drehung bleibt sie in dieser Lage stehen. Anschließend wird die Leitung zu den Signalantrieben geschlossen, damit das Signal auf Fahrt gestellt wird. Bei diesen Stellbewegungen und Kontaktschlüssen werden Farbschildchen bewegt, die in einem Fenster dem Bediener die ihn betreffenden Betriebszustände anzeigen.

Bauformen E 43 und E 12/78

Die Bauform E 43 (auch als VES 1912 bezeichnet) ist die Weiterentwicklung der Bauart S & H 1912. 1943 fand eine Angleichung an geänderte Betriebsbedingungen, höhere Sicherheitsanforderungen und eine Vereinheitlichung der Bedienung und Schaltung statt. Nach der Bombardierung des Blockwerks in Berlin-Siemensstadt und dem Ausfall der Produktion des VES-Vier-Reihen-Hebelwerks wurde das E 43 als "Einheitsform" festgelegt. So erhielt der Hebelsperrmagnet eine zusätzliche Nockenscheibe. Es bestand eine vollkommene Fremdstromsicherheit der Weichen- und Signalschaltungen. Mit dem E 43 konnten nun auch Lichtsignale bedient werden. Neben einer Überwachung mit Glühlampen kam vereinzelt auch die Farbscheibenüberwachung zur Anwendung.

Insbesondere im Bereich der Deutschen Bundesbahn wurden nach 1945 über 600 E 43-Stellwerke gebaut.

1951 zog die Berliner Firma Siemens & Halske AG, Werk für Eisenbahnsignaltechnik wegen der Kriegszerstörung und der unsicheren politischen Lage in der Viersektorenstadt nach Braunschweig. 1966 wurden die Siemens & Halske AG und die Siemens-Schuckertwerke AG zur Siemens AG zusammengefasst.

Die Deutsche Reichsbahn baute von 1979 bis 1990 die Bauform E 12/78 auf der Grundlage der Bauform S & H 1912 mit Lichtsignalen, Relaisgruppen und meist mit Drehstromantrieb der Weichen in eigenen Werkstätten.

Bauform VES (Vereinigte Eisenbahnsignalwerke)

In der 1928 gegründeten Firma besaßen die AEG, die Eisenbahnsignal- und Stellwerksbauanstalten Jüdel, Stahmer, Bruchsal sowie Siemens & Halske Anteile. Gebaut wurden die stetig verbesserten Stellwerke der Bauform Siemens E 43, seit 1930 auch Dreireihen-Stellwerke mit 80 cm Bauhöhe. So konnte der Bedlener über das Stellwerk hinweg auf die Gleisanlage sehen. Das Hebelwerk und die Relais waren im Bedienraum.

1932 folgte das Vierreihenstellwerk, von dem viele Teile in den Raum unter dem Bediener gelegt und das Verschlusssystem auf 40 cm Höhe abgesenkt wurden. Bei den nach 1944 gebauten Stellwerken wurde der hintere Teil mit Ausleuchtungen pultartig angehoben, um eine bessere Sicht zu erreichen. Nachdem Siemens seit 1943 Alleineigentümer der VES war, ging sie 1950 vollständig auf die Siemens & Halske AG über.

Ausschnitt aus der Hebelbank eines VES-Vierreihenstellwerks in Leipzig Hbf »B 3«

Foto: Sammlung Krebs

Das elektromechanische VES-Ablaufstellwerk »Bva« - eine Sonderbauform mit Ablaufspeicher - war, zwar um einige Hebel beraubt, bis 2002 in Bremen Rbf noch in Betrieb. *Foto: Erich Preuß*

Ablaufstellwerke

Die bei der Zugzerlegung immer gleichen Vorgänge auf dem Ablaufberg mit der Verteilung der Wagen in Richtungsgleise führte zur Automatisierung der Stellvorgänge in den Ablaufstellwerken mit selbsttätigem Umstellen der Weichen, 1914 in Herne begonnen, nach 1925 mit einem neuen Typ von Tischhebelstellwerk in Hamm (Westf) und Wanne-Eickel von der AEG sowie 1928 in Bremen. Für das Stellwerk »Bva« in Bremen Rbf wurde ein Vierreihen-Stellwerk der Bauform VES verwendet.

Vollendet wurde die Automatisierung im Ablaufstellwerk erst mit den Relaisstellwerken (siehe dort).

Das 1998 Duisburg-Hochfeld Süd fotografierte Ablaufstellwerk »Br« war eine Weiterentwicklung der VES. Zum Zeitpunkt der Aufnahme war bereits ein Tischhebelwerk neuerer Bauart installiert. *Foto: Lohner*

Relaisstellwerke

Um die Arbeit der Betriebseisenbahner zu erleichtern, wurden die Hebelwerke in zahlreichen Stellwerken mit Gleistafeln ergänzt. Auf ihnen wurde der Lageplan in vereinfachter Form dargestellt, und für einzelne Weichen oder Gleise, für die eine Gleisfreimeldeanlage vorhanden war, auch der Besetzt- bzw. Freizustand in der Gleistafel ausgeleuchtet.

All dies führte schließlich zu einer neuen Stellwerksbauart. Dabei sollten alle Bedienungseinrichtungen für Weichen, Gleissperren und Signale in übersichtlicher Form nach der geografischen Lage im Stellwerksbezirk in einem stilisierten Gleisbild angeordnet werden. Die Entwicklungsarbeiten begannen 1936, wurden aber durch den Zweiten Weltkrieg unterbrochen. Als Stell- und Überwachungseinrichtung erhielt das neue Stellwerk den Gleisbildtisch, der den genannten Grundsätzen entspricht. Neben den Tasten geben farbige Meldelampen die Stellungen der einzelnen Weichen, Gleissperren, Signale, den Besetzt- und Freizustand der Gleise und Weichen an. Die eingestellten und festgelegten Fahrstraßen sind ausgeleuchtet. Wegen der besonderen Gestaltung der Bedienungs- und Meldeeinrichtung wurde die Bezeichnung Gleisbildstellwerk gewählt.

Die gesamte Steuerung und Überwachung der Außenanlage, alle Verschlüsse und Ausschlüsse, die Abhängigkeiten zu anderen Stellwerken des Bahnhofs, der freien Strecke oder zu Nachbarbahnhöfen wird mit elektrischen Stromkreisen und Relais ausgeführt, da mechanische Abhängigkeiten nun nicht mehr möglich waren. Der Begriff »Magnetschalter« als Hauptbauelement wurde verlassen und der in anderen elektrotechnischen Bereichen gebräuchliche Begriff »Relais«

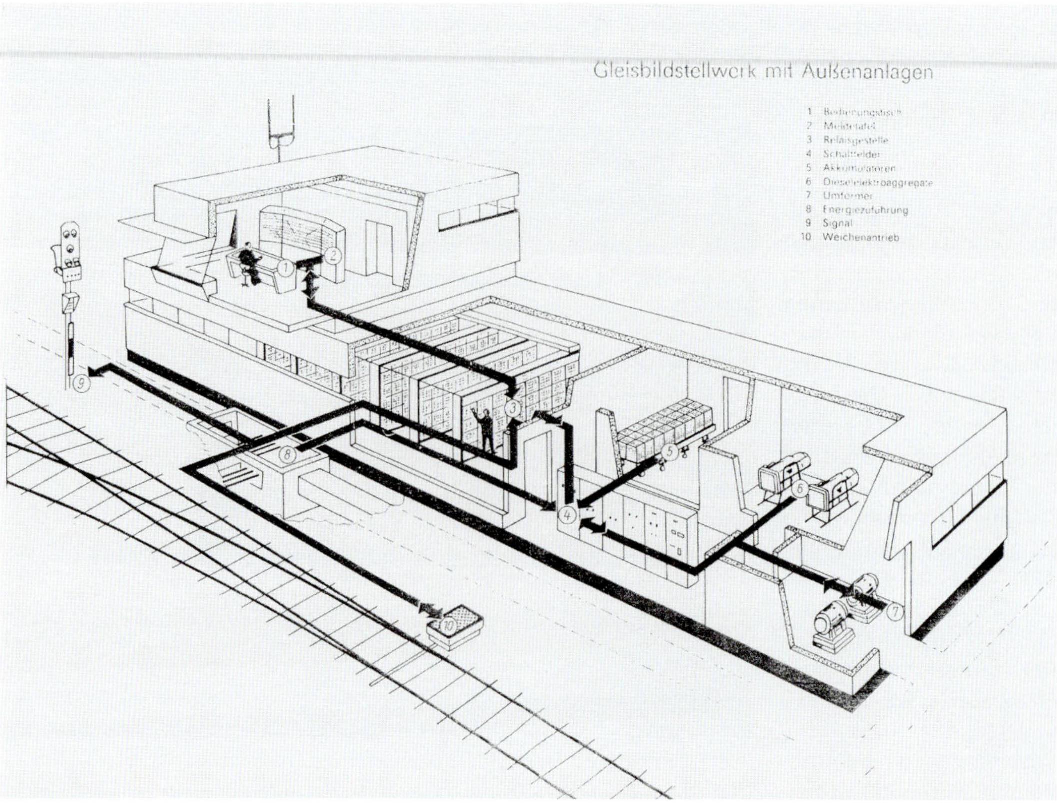

Relaisstellwerk mit Außenanlagen. Die Räume für die Relais und die Stromversorgung nehmen den größten Platz ein. *Entnommen: [8]*

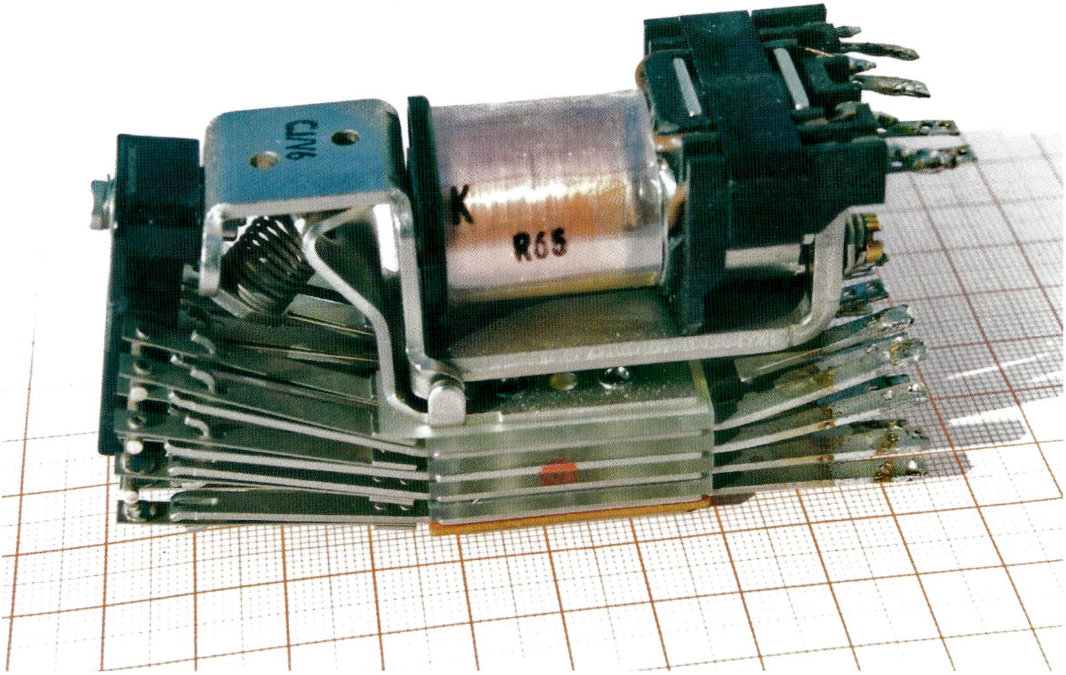

Das Haftrelais K 50 von Siemens wurde mit Ausnahme der Bauformen K 44 und Dr S1 in allen Gleisbildstellwerken verwendet. *Foto: Lohner*

eingeführt. Deshalb wird das Gleisbildstellwerk auch als Relaisstellwerk bezeichnet.

Bei der Entwicklung der neuen Schaltungen galt der Grundsatz, dass dem Betriebseisenbahner eine gut überschaubare, leicht zu bedienenende Einrichtung zur Verfügung stehen soll, und nach der Benutzung bestimmter Anlagenteile und Einrichtungen sollen die Relais selbsttätig die Grundstellung erreichen. Daraus ergibt sich, dass die Zugfahrt die Signalhaltstellung bewirkt und nach der Fahrstraßenauflösung alle an der Fahrstraßenbildung beteiligten Relais selbständig in die Grundstellung gelangen.

Die »Erfindung« der Relaisstellwerke kann man getrost als Revolution der Sicherungstechnik bezeichnen, denn betriebstechnologisch reichte keine der bisherigen Stellwerksbauarten an die letzte Phase dieser Technik, den Spurplanstellwerken, heran. Dieser Umwälzung vergleichbar ist nur noch die Einführung der elektronischen Stellwerke bis zu deren Steuerung aus Betriebszentralen.

Durch die Einführung der Lichtsignalschaltungen und Drehstromweichenantriebe in den Relaisstellwerken konnten die Stellentfernungen für Weichen, Gleissperren und Signale erheblich vergrößert werden. Mit den selbsttätigen Gleisfreimeldeanlagen ließen sich die Stellwerksbezirke so ausdehnen, dass sich die Bahnhöfe von einem einzigen Stellwerk aus steuern und überwachen lassen. Und das bereits mit der Bauform K 44 bzw. Dr I von 1951, wie es im Hauptbahnhof Köln praktiziert wurde.

Bei der Deutschen Bundesbahn wurde nach 1968 nur noch der Begriff Drucktastenstellwerk verwendet, weil die Stellvorgänge nur noch mit Hilfe von zu drückenden Tasten ausgelöst wurden, während es bei der Deutschen Reichsbahn auch Zugtasten gab. Außerdem gibt es Zug- und Drucktasten, die in der herausgezogenen Stellung nicht von selbst in die Grundstellung zurückkehren, sondern wieder hineingedrückt werden müssen. Deshalb hielt sich hier der Begriff Gleisbildstellwerk, der auf das Gleisbild zurückgeht, die abstrahierte Form des Gleisplans der Bahnhofsanlage.

Das Zentralstellwerk »Of« beherrscht im Turmbahnhof Osnabrück Hbf den unteren und den oberen Betriebsteil des Personenzugverkehrs. *Foto: Lohner*

Drei Panoramatafeln sind im Stellwerk »Of« aufgestellt; hier die linke mit dem vereinfachten Stelltisch davor.
Foto: Lohner

Zahl der Relaisstellwerke

	Deutsche Bundesbahn	Deutsche Reichsbahn	Deutsche Bahn
1989	1607	531	-
1990	1620	546	-
1991	1639	576	-
1992	1640	578	-
1993	1640	558	-
1994	-	-	2198
1995	-	-	2557
2006	-	-	1830
2020	-	-	1219
2024	-	-	1141

Zwei Tasten gleichzeitig

Um ungewollte Bedienungen zu verhindern, müssen stets gleichzeitig zwei Tasten gedrückt oder, bei der Deutschen Reichsbahn, gezogen werden. Die Bedientasten sowie die farbigen Ausleuchtungen als Stand- oder Blinklicht zeigen das Frei- oder Besetztsein der Gleise und Weichen, die Stellung der Signale, Weichen und Gleissperren, die eingestellten und festgelegten Fahrstraßen sowie die Stellung des Streckenblocks an. Zu den Innenanlagen mit den Bedien- und Anzeigeeinrichtungen gehört eine Relais- und Stromversorgungsanlage, zur Außenanlage die Stell- und Überwachungseinrichtungen an den Weichen, die Signale, Gleisfreimeldeanlagen, Zugeinwirkungsstellen und die Kabel. Ältere Anlagen haben auf dem Gleisbildtisch Zugtasten, neuere Drucktasten.

Die Panoramatafel im Stellwerk Stendal, Baufom GS II DR, hat eher bescheidene Ausmaße. Foto: Deutsche Bahn

Die Bedientische großer Bahnhöfe, wie in Stendal, sind nicht zum Sitzen an ihnen geeignet. Foto: Deutsche Bahn

Den größten Fortschritt für die Sicherheit der Eisenbahn brachte das Gleisbildstellwerk mit den Gleisfreimeldeanlagen, die ständig und automatisch den Frei- oder Besetztzustand der Gleise und Weichen feststellen und dies durch farbige Ausleuchtung im Gleisbild anzeigen. Das war auch eine Voraussetzung, Zentralstellwerke zu bauen. Der Fahrdienstleiter oder Wärter ist, sofern die Anlage funktioniert, von der Prüfung des Fahrwegs durch Augenschein[1] befreit, was Beobachtungsfehler ausschließt und bei unsichtigem Wetter und Dunkelheit eine große Hilfe ist. Auch unter Rangierfahrten ist es nicht mehr möglich, sofern Rangierstraßen vorhanden sind, eine Weiche zur Unzeit, also unter dem rollenden Fahrzeug zu stellen.[2]

Entsprechend der Entwicklungszeit von 1937 bis 1990 orientierte sich die Gestaltung der Stellwerke zunächst am Signallageplan, auf dem der Verschlussplan aufbaut, entsprechend nach dem Fahrstraßen- bzw. Verschlussplanprinzip bzw. nach dem Spurplanprinzip. Der Projektant verfolgt beim Schaltungsaufbau nicht mehr den Fahrweg zwischen Start- und Zielpunkt, sondern

1 Die Deutsche Bahn ersetzte aus formaljuristischen Gründen den geläufigen Terminus »Fahrwegprüfung durch Augenschein« durch »Fahrwegprüfung durch Hinsehen«.

2 Allerdings ist seit dem Unfall am 25. November 2008 nicht mehr gewiss, dass das Relaisstellwerk tatsächlich den Besetztzustand der Gleise anzeigt und Fahrten in das besetzte Gleis verhindert. »Obwohl die Fahrstraße für den Zug CS 60401 durch die einzelne Lokomotive besetzt war, konnte diese für den durchfahrenden Güterzug in Regelbedienung eingestellt werden. Durch die Gleisfreimeldeanlage - realisiert durch Gleisstromkreise - wurde die stehende Lokomotive, aufgrund hoher elektrischer Widerstände im Kontaktbereich zwischen Schienen- und Radoberflächen, nicht erkannt. Ursächlich hierfür waren isolierende Emissionen bestehend aus einer Kombination aus Feuchtigkeit, Sand und Schmierfett«, schreibt der Bericht der Untersuchungszentrale der Eisenbahn-Unfalluntersuchungsstelle des Bundes vom 27. Februar 2012.

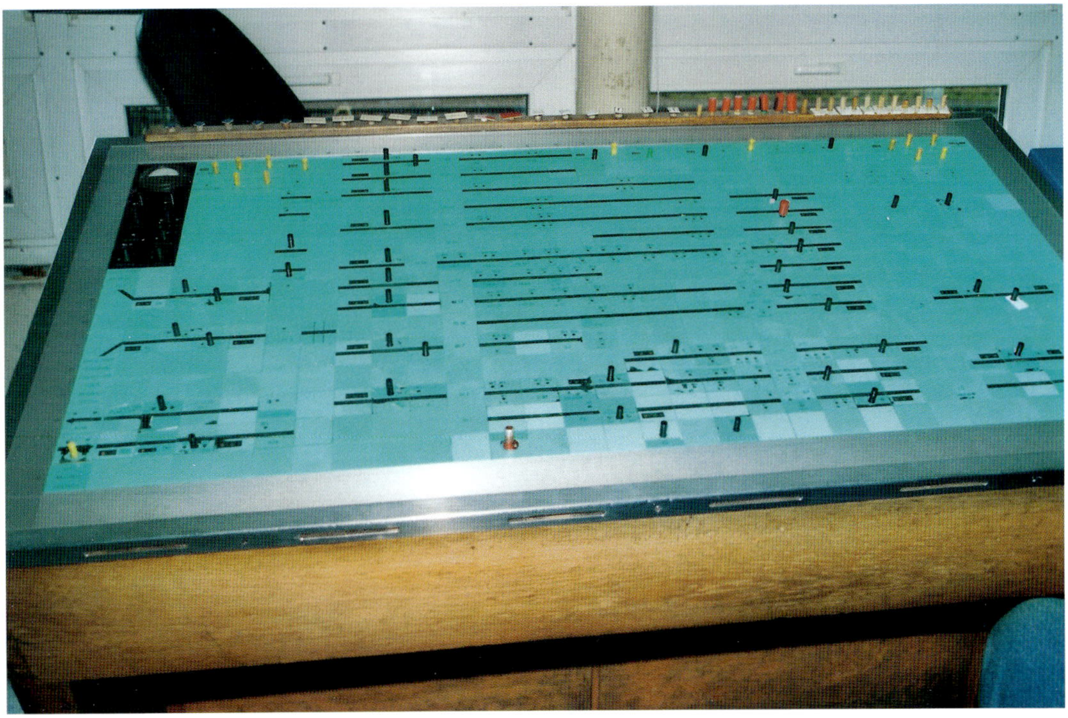

Ein kleiner Stelltisch, aber nur für die bis 2000 tätige Befehlsstelle »B 5« in Freiberg (Sachs). Foto: Lohner

Das Nummernstellpult

Das Nummernstellpult wurde für große Anlagen der Bauform Sp Dr S60 mit Panorama-Stell- und Meldetafeln notwendig, damit die davor angeordneten Bedientische ein erträgliches Maß erhielten. Kleine und große Nummernstellpulte (NStp) wurden gebaut, wobei das größere das am weitaus meisten eingesetzte ist und auch mit nur 10 mal 15 Feldern auskommt. Es ist einschließlich der 2,5 cm Randeinfassung nur 39 mal 86 cm klein und wegen der Isolierung weitgehend aus Hartkunststoff gefertigt.

Mit den 150 Feldern kann alles vom Stuhl aus bedient werden. Nur die zählpflichtigen Hilfshandlungen müssen den Grundsätzen der Betriebs- und Sicherungstechnik entsprechend an der Stelltafel ausgeführt werden.

Die Nummernstellpulte wurden auch bei der folgenden Bauform Sp Dr S600 eingesetzt, zwar einheitlich mit allen erforderlichen Elementen, aber auch der jeweiligen Anlage angepasst, zum Beispiel mit einer Zugnummerneinwahlstelle oder Fahrstraßenspeichern.

Die Tastenblocks haben die gleichen, elementgruppenbezogenen Farben wie die Panoramatafel: gelb für Bahnübergangsanlagen, blau für die Weichen, grün für die Fahrstraßen und rot für die Signale – Farben, die bereits 1868 im Stellwerk mechanischer Bauart galten.

Darmstadt Hbf Stellwerk »Df«: Die Fahrdienstleiter des Sp Dr S60-Stellwerks arbeiten an zwei Nummernstellpulten vor der großen Panoramatafel (2022) *Foto: Frank Haupt*

nach einem Baukastenprinzip. Er stellt den Spurplan erst mit den Verbindungen der einzelnen Relaisgruppen nach.
Das Spurplanstellwerk besitzt folgende Vorteile: Jeder Weichen- oder Gleisabschnitt stellt eine eigene Fahrstraße dar, ist deshalb auch einzeln auflösbar.[3] Deshalb lassen sich alle Fahrmöglichkeiten des Spurplans ohne zusätzlichen Schaltungsaufwand ausnutzen (Umfahrstraßen). Änderungen infolge von Bauzuständen sind weniger zeitaufwändig. Standardisierte Relaisgruppen können verwendet werden, deren Zahl und Bevorratung kann wesentlich vermindert werden. Die Prüfung und Instandhaltung der Sicherungsanlagen ist einfacher.
Insbesondere wegen der automatischen Fahrwegprüfung, den Stellentfernungen bis zu 6,5 Kilometer sowie der Automatisierung der meisten Bedienungsvorgänge waren recht große Stellbereiche und dadurch Zentralstellwerke möglich.
Wenn die Bedien- und Anzeigeeinrichtungen derart umfangreich wurden, dass das Gleisplanschema nicht mehr auf einem Stelltisch passte, sind mehrere Stelltische und schließlich stattdessen Stell- und Meldetafeln (»Panoramatafeln«) aufgestellt worden. Sollte jetzt der Fahrdienstleiter während des gesamten Schicht an der Tafel stehen? Nein, kleinere Tische vor der Tafel sollten die Lösung sein. Schließlich kam es zu den zusätzlich »eingabeverdichtenden Einrichtungen« des Nummernstellpults und der Tastenvorwahleinrichtung.
Der Weichenselbstlauf stellte eine wesentliche Erleichterung gegenüber bisherigen Stellwerksbauarten dar. Beim modernen Gleisbildstellwerk werden mit der Bedienung von Start- und Zieltaste alle für eine Fahrstraße benötigten, falsch stehenden Weichen automatisch angesteuert und laufen in die richtige Stellung um. Die Fahrwegsicherung läuft für die Zugfahrten, meist auch die für Rangierfahrten, von der Bedienereingabe bis zur Fahrtstellung des Signals automatisch ab. Die Fahrwegsicherung wird nach dem Ende der jeweiligen Fahrt meist automatisch gelöscht.

3 Das war bereits bei der Bauform Dr S1 der Fall. Die Weichen konnten, wenn der Zug sie verlassen hatte, einzeln oder, wenn mehrere Weichen zu einem Block zusammengefasst waren, im Block umgestellt werden.

Bauform Elsima bzw. GS 0

Im Zusammenhang mit der Einführung des elektrischen S-Bahn-Betriebes auf einem Gleis der zweigleisigen Strecke Berlin-Grünau – Königs Wusterhausen, der am 30. April 1951 begann, baute der VEB **El**ektro-**Si**gnal- und **Ma**schinenbau Halle und der **Si**gnalbau **B**abelsberg Stellwerke für die Bahnhöfe Königs Wusterhausen und Wildau, die als Bauform Elsima / SiB und später bei der Deutschen Reichsbahn als Bauform GS 0 bezeichnet wurde.
Das Stellwerk »Kwm« in Königs Wusterhausen war im Krieg zerstört worden, wurde aber wieder benötigt. Es war das erste Gleisbildstellwerk der Deutschen Reichsbahn. Seitdem am 22. Januar 2006 das elektronische Stellwerk in Betrieb ist, gibt es keines dieser ohnehin nur wenig gebauten Stellwerke mehr. Das Stellwerk »Hnd« in Hennigsdorf hatte die Besonderheit, dass von ihm aus Formsignale gestellt wurden, bis 1959 der Bahnhof Lichtsignale und das Stellwerk einen entsprechenden neuen GS II-Stelltisch erhielt.
Insgesamt wurden 1951/52 5 Stellwerke gebaut. Neben den beiden schon genannten waren das noch Wildau und Ziltendorf »B 1« und »W 2«.
Mit der Zusammenführung der wenigen Stellwerkslieferanten in der DDR im Jahr 1953 zum Werk für Signal- und Sicherungstechnik Berlin (WSSB) erhielt diese Bauform als Übergangsbauart auch die Bezeichnung GS 0. Dabei steht GS für Gleisbildstellwerk, die nachfolgende Zahl für die Bauform.

Bauform EZMG

Die Abkürzung EZMG steht für »električeskaja centralizazija malych stancij Germanii«. Seit 1976 wurden rund 80 Stellwerke sowjetischer Bauart für Bahnhöfe eingleisiger Nebenbahnen bei der DR eingesetzt und weitere aus der UdSSR importiert. Es war als abrüstbares Typenstellwerk für den fahrstraßenmäßigen Anschluss von höchstens fünf Gleisen eines Bahnhofs konzipiert und setzte eine Gleisplanstruktur voraus, bei der alle Bahnhofsgleise in das Streckengleis münden. Das Stellwerk enthielt Zug- und Rangierfahrstraßen, die auf jeweils demselben Fahrweg aufbauen und sich nur in der Signalisierung unterscheiden. Bei den ersten Stellwerken waren die standardisierten Lichtsignale sowjetischer Bauart mit den großen Schuten zum Schutz vor Sonneneinstrahlung äußerlich charakteristisch. Später wurden auch Lichtsignale der WSSB-Einheitsbauform aufge-

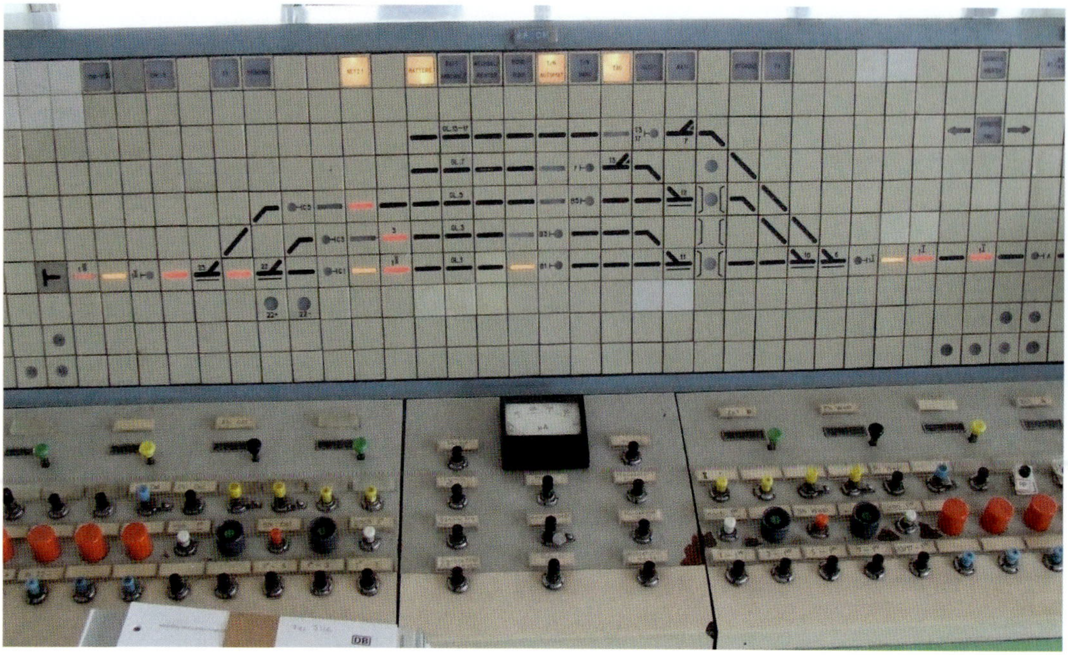

Das Bedienpult des EZMG-Stellwerks in Königsbrück (Sachs) »B 1«. Vor der Meldetafel befinden sich die Tastenfelder für den linken und den rechten Bahnhofskopf sowie Tasten für die gesamte Anlage in der Mitte. Das Stellwerk wurde am 11. Mai 2012 stillgelegt. *Foto: Andreas Krebs*

stellt. Als Signalsystem kam in jedem Fall Hl 1 - Hl 13 zur Anwendung.

Bedient wurde das Stellwerk von einem einheitlichen Bedienpult, das aus drei Tastenfeldern und einer dahinter vertikal angeordneten Meldetafel bestand. Der Tastenblock ist nicht im Gleisbild, sondern vor ihm im Bedienpult mit einer überkragenden Tischplatte eingelassen. Eine Einzelbedienung von Weichen war eher ausgeschlossen. Es wurden immer komplette Fahrwege eingestellt, wobei ein Fahrweg ständig eingestellt war.

Die Stellwerke benutzten Schwerkraftrelais sowjetischer Bauart. Die vielfach verwendeten Weichenantriebe SPW-6 mit Innenverschluss, erforderten keinen Spitzenverschluss, wie sonst bei Weichen der deutschen Bahnen üblich.

Infolge Streckenstilllegungen und Umrüstung auf andere Bauformen sind EZMG-Stellwerke heute sehr selten geworden.

Bauform EZ 83 DR

Die Bauform EZ 83 DR ist war eine Weiterentwicklung des EZMG und in Deutschland eine Sonderbauform für ein- und zweigleisige Hauptbahnen. Fertiggestellt wurde 1992 nur das Stellwerk in Minsleben. Der 1989 begonnene Bau im benachbarten Heudeber-Danstedt wurde eingestellt. Auch das geplante Stellwerk in Demker kam nicht zur Ausführung.

Im Gegensatz zum EZMG waren alle Weichen mit Weichentasten ausgestattet und konnten einzeln bedient werden. Für die Lichtsignale wurden WSSB-Signalschirme verwendet.

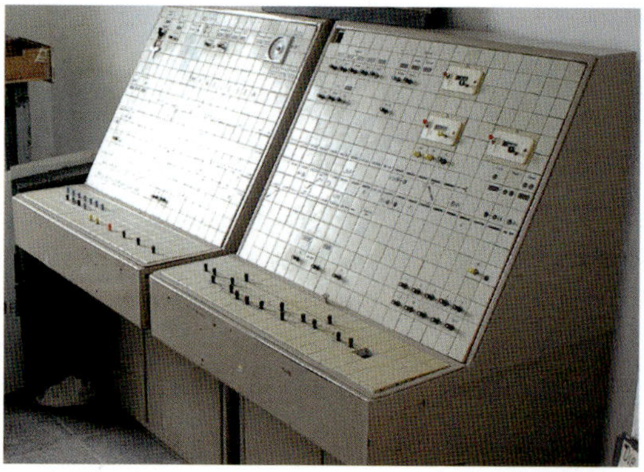

Der Bedienplatz des EZ 83 DR aus Minsleben wird bei den Eisenbahnfreunden Staßfurt erhalten. *Foto: Jürgen Krebs*

Bauformen GS DR (WSSB)

Bauform GS I DR

Stellwerke dieser Bauform wurden mit verschiedenen Grundschaltungen hergestellt. Sie sind den betrieblichen und sicherungstechnischen Forderungen der einzelnen Anwender angepasst, zum Beispiel GS I GWS 56 für die Industrie- und Grubenbahnen mit einer vereinfachten Schaltung und GS I DR als Ausführung für die Deutsche Reichsbahn.

Die Bauform I wurde in der Zeit von 1952/53 bis 1961 gebaut und auch exportiert.

Das 1955 bei der Deutschen Reichsbahn eingeführte GS I DR hatte sich bewährt, aber zu Neubauten und Ergänzungen mit Bauform-I-Bauteilen kam es nicht. Einige von ihnen waren ohne Gleisfreimeldeanlagen. Dort war die Fahrwegprüfung des Fahrdienstleiters oder Wärters durch Augenschein immer noch notwendig. Mit dieser Bauform wurde, sofern die Gleise mit Gleisstromkreisen versehen waren, erstmals das Zentralstellwerk möglich.

Charakteristisch waren die Schaltungen nach dem Prinzip der Fahrstraßen, die als Einheit gebildet und aufgelöst wurden. Die Weichen mussten einzeln umgestellt werden.

In der unteren Etage .des Stellwerksturms am Grünauer Kreuz in Berlin befanden sich ab 1955 ein Stellwerk der Bauform GS I DR und der Arbeitsplatz der Linienfahrdienstleiter (s. Seite 110). Darüber saß ab 1962 der S-Bahn-Fahrdienstleiter an einem GS II DR-Bedienplatz. *Foto: Jürgen Krebs*

Für den 1952 gebauten Bahnhof Muldenstein wurde das Zentralstellwerk der Bauform GS I DR, aber ohne Gleisfreimeldung, vorgesehen. *Foto: Wunderlich*

Charakteristisch für die Stelltische der Bauform GS I waren die geschraubten silberfarbenen Tischfelder und die Metallzugtasten mit einer Griffmulde. Bei diesem Stellwerk gibt es keine Gleisfreimeldunganlage.
Foto: Jürgen Krebs

Das Zentralstellwerk auf dem Bahnhof Schönefeld (b Berlin) der Bauform GS I DR war von 1955 bis 1983 in Betrieb.
Foto: Historische Sammlung der DB/Gebhard

Bauform GS II DR

Von der Bauform I unterschied sich diese Bauform hauptsächlich durch eine neue Generation von Signalrelais und durch neuartige Schaltungen in Gruppen mit je nach Gruppentyp standardisierter Innenschaltung. Der Drehstromantrieb in den Weichenschaltungen und 220-V-Lichtsignalschaltungen erlaubten größere Stellentfernungen in den Außenanlagen. Überwiegend besitzen diese Stellwerke den Weichenselbstlauf, zumal die Gleisfreimeldeanlagen das unzeitige Umstellen der Weichen verhindern. Die Signale stellen sich, wenn die technischen Voraussetzungen erfüllt sind, selbsttätig auf Fahrt.

Die Fahrstraßen werden als Ganzes gebildet, aber in Teilen aufgelöst. Der Fahrdienstleiter kann vorher sich ausschließende Fahrstraßen einstellen, was den Betriebsablauf beschleunigt. Durchfahrbetrieb (bei GS II Signalselbststellbetrieb genannt), bei dem die Züge die Signale in Fahrtstellung bringen, ist möglich. In einigen Stellwerken konnten Fahrstraßen vorgespeichert werden.

Der Bedientisch der Bauform GS II DR - hier in Großheringen - besaß nun gesteckte grüne Tischfelder, wieder in der Größe 40 x 40 mm.

Foto: Historische Sammlung der DB/Migura

Bauform GS II Sp 64 b

Das Kürzel in der Abkürzung b bedeutet: für die Deutsche Reichsbahn; mit a wurden die Ausführungen für Industriebahnen (a), mit c die für die (Ost-) Berliner U-Bahn und mit d die Stellwerke für den Export gekennzeichnet.

Das erste Spurplanstellwerk der Deutschen Reichsbahn war das 1969 auf dem Bahnhof Radebeul West fertiggestellte, ein Typ für kleinere und mittlere Bahnhöfe (bis zu 14 Fahrstraßen, 14 Weichen und 10 Hauptsignale), zunächst ohne Rangierfahrstraßen. Diese wurden erst 1975 auf dem Bahnhof Bad Kleinen einbezogen.

Die Bauform baute noch auf viele andere Konstruktionselemente der Bauform II auf. Lediglich in der Ausleuchtung und in der Bedienung sind Abweichungen vorhanden. Die Unterschiede zur Bauform GS II DR bestehen in der Relaisanlage, wo das Kleinrelais das Grundelement ist.

Bedienpult des Fahrdienstleiters in Bad Schandau. Die gesamte Strecke Dresden–Schöna war bis 1976 mit den Stellwerken der Bauform GS II Sp 64 b ausgerüstet worden. *Foto: Reichsbahndirektion Dresden*

Bauform GS III Sp 68

Im Jahr 1974 erhielt der Bahnhof Jüterbog ein Zentralstellwerk der Bauform GS III Sp 68, die für große Bahnhöfe und Anlagen mit hohem Rangieraufkommen entwickelt worden war. Für andere Anwender, wie Werk- und Grubenbahnen, gibt es keine Ausführungen. Die kleineren Relais erlaubten es, die Größe des Baukörpers mit den Relaisräumen zu vermindern.

Diese Bauform

- kann auf einem Bahnhof mehrere Bedienerbereiche haben, die untereinander in Abhängigkeit stehen;
- lässt für Rangierfahrstraßen andere Flankenschutzbedingungen zu, als sie für die Zugfahrstraßen erforderlich sind;
- nutzt die Gleisfreimeldeanlage noch stärker für die Fahrstraßenauflösung aus;
- gestattet die gleichzeitige Anwendung aller Signalbegriffe des Hauptlichtsignalsystems auch bei verkürzten Signalabständen sowie Kennlicht;
- ermöglicht hinter einem Ausfahrsignal mehrere, unterschiedliche Durchrutschwege, die sich nach der Start-Ziel-Tastenbedienung selbsttätig einstellen.

Bauform GS III 8030

Diese Bauform, deren Stellwerke von 1992 und 1993 auf den Bahnhöfen Belzig und Berlin-Baumschulenweg Einzelgänger blieben, benötigten noch kleinere Relais. Damit war aber auch die Entwicklung der Relaisstellwerke bei der Deutschen Reichsbahn abgeschlossen, die übrigens stets als

Die Panoramatafel war bei der Bauform GS III Sp 68 exemplarisch, wie hier in Frankfurt (Oder) auf dem Personenbahnhof. *Foto: Historische Sammlung der DB/Bär*

Gleisbild- und nicht als Drucktastenstellwerke bezeichnet wurden, weil die WSSB-Stellwerke auch mit Zugtasten versehen sind.
In Leipzig-Wahren Abzw Wl (Lützschena) gab es noch den Prototyp eines Stellwerks Bauform GS III 8032.
Die Bauform GS III 8010 kam bei Industriebahnen zur Anwendung.

Bauform K 44 / Dr I

Die Urform des in Deutschland von den VES entwickelten Relaisstellwerks war das »Patronenstellwerk«, aus dem die Bauform K 44 hervorging. Bei ihm sind der Gleisplan nachgestaltet und entsprechend kleine, elektromagnetisch steuer- und fixierbare Hebel und Tasten angeordnet worden. Für die Weichen und Gleissperren wurden drehbare Hebel verwendet, für die Fahrstraßenhebel aber Kippschalter. War die Fahrstraße festgelegt, wurden die Weichenhebel durch Relais festgehalten.
Sollte eine Fahrstraße eingestellt werden, wurden die Start- und Zielschalter bedient, die Weichenhebel dann selbsttätig angesteuert und festgelegt. Gegenüber dem Patronenstellwerk waren jetzt ausschließlich Relais für alle Funktionen und Abhängigkeiten vorgesehen.
Der Prototyp des K 44-Stellwerk der VES sollte im Sommer 1944 auf dem Bahnhof Birkenwerder in Betrieb gehen. Die Montage verzögerte sich ständig und wurde durch die Kriegsereignisse ganz unmöglich. Die Pintsch KG entwickelte ein ähnliches Stellwerk für den Bahnhof Berlin-Hermsdorf, das aber kriegsbedingt nicht mehr gebaut wurde. Dessen Weiterentwicklung übernahmen Gaselan und Elsima.
Nach Kriegsende bauten die VES wieder ein Relaisstellwerk dieser mittlerweile weiter entwickelten Bauform: für die Abzweigstelle »Dp« in Düsseldorf-Derendorf. Es wurde am 12. Oktober 1948 in Betrieb genommen.
1950 folgten fünf weitere von den VES, die bei der Deutschen Bundesbahn als Dr I-Stellwerke bezeichnet worden sind. Bei ihnen wurde die Fahrstraße mit Start- und Zieltaste gewählt.

Das am 12. Oktober 1948 in Düsseldorf-Derendorf in Betrieb genommene K 44-Stellwerk wird als erstes Drucktastenstellwerk der Deutschen Bundesbahn - richtig der Deutschen Reichsbahn (West) - bezeichnet. Die Bauform wurde später in Dr I geändert. *Foto: Verkehrsmuseum Nürnberg*

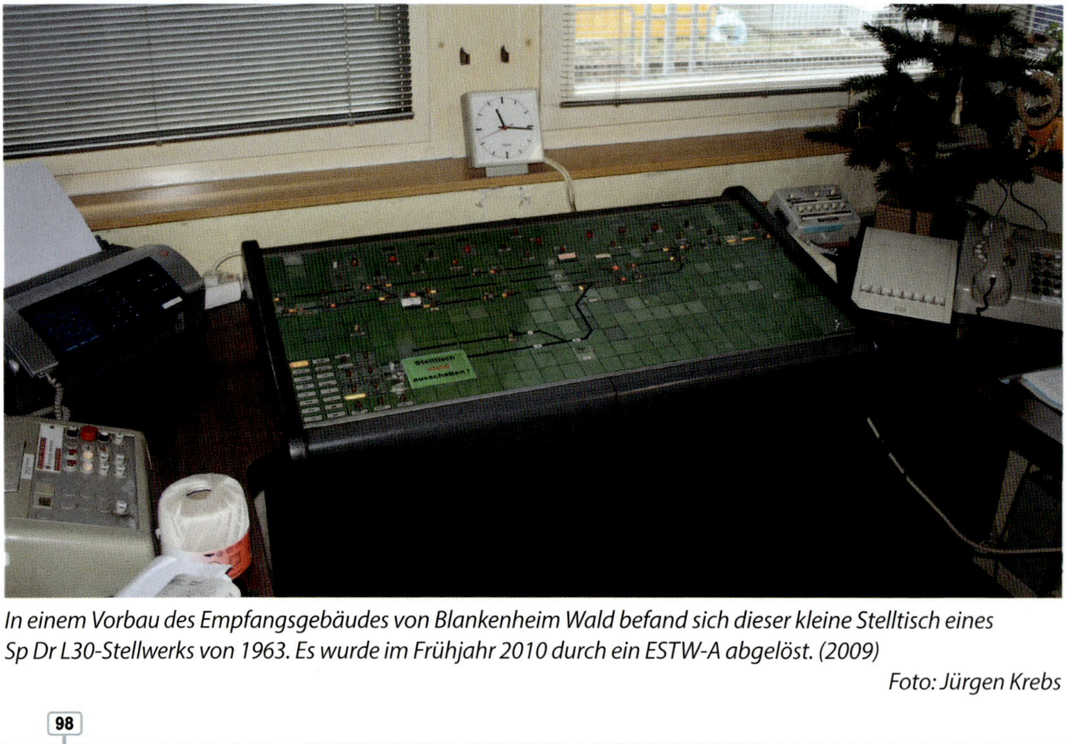

In einem Vorbau des Empfangsgebäudes von Blankenheim Wald befand sich dieser kleine Stelltisch eines Sp Dr L30-Stellwerks von 1963. Es wurde im Frühjahr 2010 durch ein ESTW-A abgelöst. (2009)

Foto: Jürgen Krebs

Ende 1973 ging in Euskirchen das Zentralstellwerk der Bauform Sp Dr L 30 in Betrieb. Die hölzerne Umrahmung und ein kleines Kästchen für die Ersatzlampen im Gleisbildtisch sind typisch für die SEL-Stellwerke.

Fotos (2): Lohner

Bewegte Firmengeschichte: Lorenz - SEL - Alcatel - Thales - Hitachi Rail

Die Eisenbahner sprechen kurz vom Lorenz-Stellwerk. 1879 bzw. 1880 wurden die Stammfirmen des Unternehmens, die Mix & Genest AG und die Telegraphenbauanstalt von C. Lorenz, gegründet. Mix & Genest war wesentlicher Teil der Standard Elektrizitäts-Gesellschaft (SEG), in die auch die Süddeutsche Apparatefabrik (SAF) aufging. Die wesentlichen Produkte der beiden Firmen waren Fernmelde- und Funktechnik.
1930 übernahm die International Telephone and Telegraph Company (ITT) die Aktienmehrheit der Mix & Genest AG und der C. Lorenz AG. Die C. Lorenz AG baute seit der Übernahme der G. Schaub Apparatebau-Gesellschaft 1940 Rundfunkempfänger (von 1955 an unter dem Namen Schaub-Lorenz vertrieben).
Vorausgegangen für den Bau der Relaisstellwerke war die Bildung einer Interessengemeinschaft mit der Firma Krauss-Maffei in München, in der Dr.-Ing. Wilhelm Schmitz seine Ideen einbrachte, aber die Verwendung von Bauteilen und die Verwertung von Patenten der Vereinigten Signalwerke unmöglich war. Das konnte nur die Siemens & Halske AG, Werk für Eisenbahnsignaltechnik in Braunschweig, der einzige Mitbewerber von Lorenz. Krauss-Maffei hatte sich bereits 1952 aus der Interessengemeinschaft zurückgezogen.
1958 kam es zur Vereinigung der Standard Elektrik AG mit der C. Lorenz AG zur Standard Elektrik Lorenz AG (SEL).
Es gab auch Versuche, in der Raumfahrt-Elektronik Fuß zu fassen, wie SEL sich im Flugwesen und in der Produktion von Fernsehern betätigte. Die Entwicklung und der Bau von Stellwerken war stets ein Geschäft von vielen im Konzern.
1993 wurde die Standard Elektrik Lorenz AG in Alcatel SEL AG umbenannt. Die Aktienmehrheit lag mit über 99 % bei der französischen Alcatel AG. Am 1. Dezember 2000 entfiel der Zusatz SEL.
Der Luft- und Raumfahrtkonzern Thales übernahm 2007 den Bereich der Leit- und Sicherungstechnik für den Schienenverkehr. Thales belässt aber bei der Bezeichnung der Stellwerksbauformen das Kürzel L von Lorenz.
Am 31. Mai 2024 übernahm Hitachi Rail Sparte Ground Transportation Systems von Thales.

Bauformen Lorenz / SEL

Die Stuttgarter Firma C. Lorenz (später Standard Elektrik Lorenz = SEL), entwickelte und fertigte Gleisbildstellwerke, deren erstes 1951 in Köln-Butzweiler bei der Köln-Frechen-Benzelrather Eisenbahnen 1951 (Bauform Dr L 3-KM) in Betrieb ging. 1952 als Bauform L 3 noch ohne automatische Gleisfreimeldung ging das erste Stellwerk bei der Deutschen Bundesbahn in Selb Stadt in Betrieb.

Für die Köln-Frechen-Benzelrather Eisenbahnen baute Lorenz auch große Stellwerke der Bauformen Sp Dr L 20 und L 30. Im Bedienraum unterschieden sich diese Lorenz-Stellwerke von denen der Firma Siemens durch Tischfelder in der Grundfarbe Grün sowie ein kleines Fach für Ersatzlampen.

1954 baute Lorenz ein Ablaufstellwerk für den Bahnhof Oberlahnstein mit zwei kleinen Stelltischen in grauer Grundfarbe. Lorenz entwickelte auch das TRICON-Stellwerk (von triple connection abgeleitet), das auf die Anschaltung von Fahrwegrelais verzichtete, stattdessen wirkten die Start- und Zieltasten auf ein, der Gleisanlage nachgebildetes Schaltsystem ein. Das Spurplan-Drucktastenstellwerk (Sp Dr) war geboren, der Vorlauftyp Sp Dr L 20 war am 6. Mai 1956 in Dillingen (Saar) zugeschaltet und in Betrieb genommen.

Die Bundesbahn forderte jedoch, die Lampenstromleistung zu erhöhen und in der Signaltechnik ausschließlich Signalrelais zu verwenden. So baute SEL 1961 die Bauform Sp Dr L 30, die diesen Bedingungen entsprach (30 bedeutet: mit 30 W Lampenstromleistung).

Die Weiterentwicklung war die Bauform Sp Dr L 60, zu der die Bundesbahn standardisierte Bedientische wünschte, damit die Fahrdienstleiter beim Wechsel der Stellwerke keine Anpassungsschwierigkeiten bekamen. SEL entsprach auch diesem Verlangen und stellte Bedientische auf, die denen der Firma Siemens weitgehend glichen. Im Relaisraum kam es zur Enttäuschung der Sicherungstechniker aber nicht zur Standardisierung.

Bauform MC L 84

Die für große Anlagen und eine sehr komplexe Beanspruchung ausgelegte Spurplantechnik, wie sie von Lorenz/SEL und Siemens eingeführt worden war, kam für kleine Anlagen nicht in Frage, denn der Rationalisierungseffekt war nicht groß genug. Die Deutsche Bundesbahn gab ein Pflichtenheft mit folgenden Zielen heraus:

- Verzicht auf bestimmte Leistungsmerkmale, die bei kleinen Anlagen keine Nachteile bringen oder nicht erforderlich sind, zum Beispiel verzichtete man auf den Einzelverschluss von Weichen, auf signalisierte Rangierstraßen, auf das zweite Rot am Ausfahrsignal;
- Versorgung mit Ersatzstrom aus dem Bahnstromnetz.

Es durften ein Relaisstellwerk und/oder ein elektronisches Stellwerk angeboten werden, worauf SEL sich mit dem Stellwerk MC L 84 (= Modulares Compact-Stellwerk von Lorenz des Jahres 1984) bewarb. Einerseits vereinte es in sich die Vorteile der Spurplantechnik, andererseits wich die Modularaufteilung wesentlich von ihr ab. Während im Spurplanstellwerk jedem Element der Gleisanlage ein Modul - eine Relaisgruppe - zugeordnet ist, wurden beim System MC L 84 die funktionell zusammengehörenden Elemente der Gleisanlage zu einem Modul zusammengefasst, wie

- die beiden Weichen einer Gleisverbindung;
- die beiden Signale eines Bahnhofsgleises;
- das Einfahrsignal mit dem Einfahrvorsignal und dem Ausfahrvorsignal.

Die Schaltmittel wurden den Start- und Zielpunkten nur einmal zugeordnet, und zwar vorzugsweise dem Schnittpunkt zwischen Strecke und Bahnhof, also dem Einfahrsignal. Für die Weichenmodule blieben lediglich Stell- und Überwachungsfunktionen übrig, weil die Schaltmittel für den Verschluss der Fahrstraße und deren Auflösung, die Besetztprüfung, die Räumungsmeldung, die Fahrtrichtungsmarkierung und die Blockabhängigkeit für alle von einem Streckengleis kommenden und für alle in das gleiche Streckengleis mündenden Ausfahrstraßen nur einmal dem erwähnten Schnittpunkt zugeordnet worden waren. Benötigte eine einfache Weiche im Spurplanstellwerk SpDrL 60 etwa 40 Relais, brauchte das MC L 84 hierfür nur zwölf.

Keineswegs stand das Stellwerk dieser Bauform nur auf Bahnhöfen von Nebenbahnen, sondern beispielsweise bis 2011 auf der stark belegten Hauptbahn Köln–Mainz in St. Goar. Äußerlich fiel das Stellwerk nur durch den um einige Gleisbilder ergänzten Stelltisch bzw. das Stellpult auf, auf dem der Neigungswinkel eines Weichenbildes von 45° auf 63° erhöht worden ist, damit man das Gleisbild noch kompakter ausführen konnte.

Wesentliche Unterschiede Compact- und Spurplanstellwerk
Quelle: [14]

	Compact-Stellwerk	Spurplan-Stellwerk
Modul- bzw. Gruppenaufteilung	Mehrere zusammengehörende Elemente der Gleisanlage	Jedes Element der Gleisanlagen
Geografische Anordnung	Die Module bzw. Relaisgruppen sind untereinander entsprechend der geografischen Anordnung über Spurkabel verbunden.	
Zugbewirkte Fahrstraßenauflösung	Gemeinsame Auflösung des gesamten Fahrwegs	Einzelauflösung jeder Weiche des Fahrwegs
Zugbewirkte Auflösung des Durchrutschweges	Zeitabhängige Auflösung des Durchrutschweges nach Belegen des Bahnhofsgleises	

Diese vereinfachte Ausführung war auf bestimmte Anwendungsbereiche zugeschnitten. Sie konnte nur für solche Bahnhöfe vorgesehen werden, bei denen alle Fahrstraßen an Streckengleisen enden oder beginnen. Nachbarbahnhöfe innerhalb einer Stellentfernung von bis zu 6,5 Kilometer lassen sich von einem gemeinsamen Stellwerk steuern. Man kann aber auch das Stellwerk MC L 84 fernsteuern.

Ende 1988 gab es bereits 30 dieser Stellwerke. Die Deutsche Bundesbahn war zwar zufrieden, wünschte dann aber doch mehr Funktionen, damit diese Bauform auf weiteren Strecken eingeführt werden konnte. So wurde die Signalisierung verbessert, indem vom MC L 84-Stellwerk aus Vorsignalwiederholer und Zusatzanzeiger bedient werden konnten. Um gleichzeitige Einfahrten zu ermöglichen, mussten die Durchrutschwege der einzelnen Fahrstraßen getrennt und wie bei anderen Drucktastenstellwerken durch zusätzliche Zieltasten ausgewählt werden.

Zum Rangieren wurden die Rangierfreigabe und die Ortsstellung der Weichen ermöglicht. Der Rangierleiter kann dann von einem Stellkasten in der Außenanlage die Weichen bedienen, die der Fahrdienstleiter frei gegeben hat. Auf zweigleisigen Strecken konnte der Selbststellbetrieb eingerichtet werden, um den Fahrdienstleiter zu entlasten.

Bauform MC L 84-N

MC L 84-N war die Weiterentwicklung der vorgenannten Bauform für Überleitstellen an Neubaustrecken. Bei Überleitstellen beginnen und enden die Fahrstraßen an Streckengleisen. Dadurch entfallen Start- und Zielpunkte am »Bahnhofsgleis«, ferner die Durchrutschwegschaltung. Da es außerdem keine Ausfahrsignale gibt, entfallen auch die Ausfahrvorsignale am Mast eines Einfahrsignals und deren Steuerung über Spurebenen.

Dafür musste das Stellwerk um den Block der Linienförmigen Zugbeeinflussung (LZB) ergänzt werden, für den eine Blockteilung von etwa 2,5 Kilometer ohne ortsfeste Signale gewählt wurde (LZB-Teilblock-Modus). Diesem LZB-Block ist ein konventioneller Streckenblock von Deckungssignal zu Deckungssignal der Überleitstellen überlagert (LZB-Ganzblock-Modus). Wird der Zug LZB geführt gefahren, dann sind die ortsfesten Signale dunkel geschaltet.

Hinzu kommen der Selbststellbetrieb als Regelbetrieb, der Annäherungsverschluss, der die Hilfsauflösung verhindert, sobald sich ein Zug im Anrückbereich befindet, die Befahrbarkeitssperre der Streckengleise und zwei Weichenantriebe sowie mehrere Zungenprüfkontakte je Weiche und Radsensoren vor den Herzstücken. Beim Gleiswechsel wird die zulässige Geschwindigkeit zusätzlich zum Signalbild »Hp 1« (»Fahrt«) je nach verwendetem Weichentyp mit einem Geschwindigkeitsanzeiger »10« oder »13« (= 100 km/h oder 130 km/h) signalisiert.

Bauform Scheidt & Bachmann

Neben den Gleisbildstellwerksformen von Siemens & Halske und Lorenz wurde im März 1952 das Gleisbildstellwerk von Scheidt & Bachmann als dritte Bauform dem Betrieb übergeben. Es kam aber nicht bei der Deutschen Bundesbahn sondern bei der Werkbahn des Hüttenwerkes Oberhausen (vorm. Gutehoffnungshütte) am Knotenpunkt Emscher Ost zum Einsatz.

Bei den ersten Stellwerken aus den 1950er Jahren waren, ähnlich wie später bei EZMG, Gleisbild und Bedienungseinrichtung getrennt. Später entschied sich auch S&B für die Vereinigung beider Teile in einem Gleisbildstellpult.

Von diesem Hersteller, der sich zeitweise auf den Bau von Bahnübergangssicherungsanlagen spezialisierte, gab es bei der Bundesbahn nur wenige Relaisstellwerke. Sie befanden sich auf kleinen Bahnhöfen an Nebenbahnen, die auch mit Lichtsignalen ausgerüstet wurden. Die Stellpulte sind entsprechend klein und werden in der üblichen Start-Ziel-Reihenfolge bedient.

Weitere Gleisbildstellwerke wurden für Industrie- und Hafenbahnen gefertigt.

Fahrdienstleiter und Wärter vor dem Stellwerk der Bauform Dr S1 in Hamburg-Altona. *Foto: Wiesmüller*

Bauformen Siemens & Halske / Siemens AG

Bauform Dr S

Das erste Stellwerk dieser Bauform arbeitete ausschließlich mit steckbaren K-Relais. Zunehmend wurden zwangsgeführte Silber-Doppelkontakte verwendet, die nur noch gelötet werden konnten. Fachleute meinen, sie seien die besten Signalrelais aller Zeiten, immer noch millionenfach eingesetzt. Kontaktstörungen seien selten.

Das erste Stellwerk mit standardisierten Teilfahrstraßen-Relaisgruppen wurde im September 1951 in München-Laim in Betrieb genommen. 1951 erhielt Köln Hbf die erste Großanlage eines Gleisbildstellwerks der Bauform und damit verbunden, die erste Zugnummernmeldeanlage bei der Deutschen Bundesbahn. Darin werden die Zugnummern von Hand mit dem Zugnummerngeber in ein Kontrollfeld eingewählt. Dann beförderte der Bediener durch Tastendruck die Zugnummer in das gewünschte Tisch- oder Tafelfeld. In jedem Bahnhofs- und Streckengleisabschnitt erschien neben der roten Ausleuchtung (rot bedeutet: Gleis ist besetzt) die entsprechende Zugnummer. Nun konnten unzählige Zugmeldegespräche entfallen, auch gab es einen Überblick über die auf den Bahnhof zulaufenden Züge. Die Zugnummer wird mit dem Haltfall eines Hauptsignals entsprechend der Zugfahrt automatisch weiter geschaltet.

Für die Züge, die sich in Richtung Zentralstellwerk bewegen, werden die Nummern von den Randbahnhöfen eingewählt und rücken, gesteuert von Gleis- und Fahrstraßenrelais, von Abschnitt zu Abschnitt weiter. Das Stellwerk »Kf« in Köln Hbf erhielt 1954 auch den ersten Zugzeitdrucker als »mechanisiertes Zugmeldebuch«, so dass die Fahrdienstleiter von Zugmeldungen und anderen Aufschreibungen entlastet und Zugmelder eingesparten wurden – heute Standard in der Leittechnik.

Dr S2

Die Bauform gehört zur Erneuerungswelle ohne technische Weiterentwicklung. Die Deutsche Bundesbahn ersetzte mit ihnen auf Hauptbahnen mit weniger Bedeutung sowie auf Nebenbahnen mit Unterwegsbahnhöfen, die jeweils nur ein oder zwei Überholungsgleis(e) besaßen, kleine Stellwerke herkömmlicher Technik. Zu Rationalisierungseffekten kam es nicht. Die Stellwerke kennen weder Rangier- noch Umfahrstraßen, die Weichen müssen einzeln gestellt werden, der Fahrstraßen- und Signalteil der Relaisanlage ist vereinfacht, und auch die Stromversorgung wurde einfacher gehalten. Die Schaltanlage kam in vier verglaste Schränke, erforderte also keinen großen Aufwand. Das erste dieser Stellwerke kam 1953 nach Steinheim. 1958 bestand bereits die Hälfte aller Dr-Stellwerke der Bundesbahn aus dieser Bauart, die infolge der Zentralisierung und Automatisierung der Betriebsführung inzwischen meist ersetzt sind.

Relais im Stellwerk Dr S2: Oben die umdrehbaren Stecker für die elektrischen Behelfsabhängigkeiten zu den Weichen über Kabel. Das lange Kipprelais links ist der Weichenwechsler. *Foto: Lohner*

Noch einfacher gehalten sind die EDr-Stellwerke (E = einfach) auf eingleisigen Haupt- und Nebenbahnen:

- **EDr-2 (b)** für besetzte Bahnhöfe. Vom Stellwerk gesteuert werden nur Einfahrsignale mit den Bildern Halt, Fahrt, Langsamfahrt. Notrot und Ersatzsignale fehlen, ebenso die Tag-Nacht-Schaltung. Die beiden Eingangsweichen werden unmittelbar aus dem Netz gestellt, die übrigen Weichen sind ortsbedient, gegebenenfalls schlüssel- oder riegelabhängig.

Fällt der Netzstrom aus, können die Signale nicht gestellt werden, die Batterie reicht für die Haltstellung mindestens 24 Stunden lang. Die Weichen müssen in solchem Fall mit der Hand gekurbelt werden. Gleisfreimeldeanlagen gibt es nicht.

- **EDr-2 (u)** für unbesetzte Bahnhöfe. Einfahrsignale wie vorher beschrieben, im Ruhezustand aber abgeschaltet. Etwa 600 Meter vor dem Einfahrsignal schaltet der Zug über einen Kontakt die Anlage ein, worauf beide Einfahrsignale »Halt« zeigen, bis die Einfahrt in das durchgehende Hauptgleis eingestellt ist. Ein Schienenkontakt 50 Meter hinter dem Einfahrsignal stellt es auf »Halt« und stößt die Fahrstraßenauflösung für die Einfahrt und in der Gegenrichtung für die Ausfahrt an. Nach der Ausfahrt schaltet der Annäherungskontakt der Gegenrichtung die Anlage in die Grundstellung.
- **EDr-2 (uf)** für von einer Zentrale teilferngesteuerte Bahnhöfe. Das durchgehende Hauptgleis besitzt eine Gleisfreimeldeanlage. Die Fernsteuerung erfasst nur die Stellbefehle für die Gruppenausfahrsignale und deren Rückmeldungen sowie

die Zugschlussmeldungen. Der Ausschluss von Gegenfahrten ist in die Zentrale gelegt und wird mit Hilfe des Zentralblocks bewirkt. Die Zentrale bedient nur die Ausfahrsignale, während die Einfahrten sowie die Fahrstraßensicherung der Ausfahrten nach dem EDr-u-Prinzip örtlich geschaltet sind. Zugschluss- und Streckenräumungsmeldung können durch Gleisstromkreise oder Achszählanlagen, einfacher durch einen Induktor am Zugschluss, erreicht werden.

Sp Dr S57 / Sp Dr S59

Das Kürzel »Sp« verweist auf das Spurplanstellwerk. Dem Aufbau nach, also in der Fahrstraßenlogik, ist es nach dem »Spurplan« (Gleisplan) des Bahnhofs aufgebaut.

Das Spurplanstellwerk folgt konsequent dem Baukastenprinzip. Die Bausteine sind Relaisgruppen für alle Arten von Außenanlagen. Die Relaisgruppen lassen sich durch Programmstecker dem jeweiligen Einsatzfall anpassen und werden durch steckbare Spurkabel miteinander verbunden. Dadurch haben die Strompfade in der Stellwerksschaltung den gleichen Verlauf wie die entsprechenden Fahrwege (»Fahrspuren«) der Züge von Weiche zu Weiche oder von Weichen- zu Weichengruppe. Die Verbindungen der Relaisgruppen untereinander entsprechen vollständig dem Lageplan der Betriebsstelle.

Die Vorteile des Spurplanstellwerks sind:

- Jeder Weichen- oder Gleisabschnitt stellt eine eigene Fahrstraße mit allen Abhängigkeiten dar und kann auch einzeln aufgelöst werden. Vorher mussten beim Entwurf des Stellwerks die Ein- und Ausfahrmöglichkeiten bestimmt werden, ferner, ob bestimmte Fahrstraßen nur am Zielpunkt oder stufenweise aufgelöst werden sollten. Damit nicht für jede Gesamtfahrstraße besondere Relaisgruppen vorgesehen werden mussten, teilte man den Stellbezirk in Teilfahrstraßen. Beim Spur-

Der Bahnhof Altenbeken hatte ein Zentralstellwerk der Bauform Sp Dr S59 erhalten.
Foto: Bundesbahndirektion Hannover/Brunotte

planstellwerk kommt man ohne diese Fahrstraßengruppen aus, verteilt man doch die Fahrstraßenglieder anteilig auf die Weichen-, Signal- und Gleisgruppen.

- Alle Fahrmöglichkeiten des Lageplans bzw., Gleisspurplans lassen sich letztlich ohne großen Schaltungsaufwand nutzen, zum Beispiel Umfahrstraßen, wenn der normale Weg aus betrieblichen oder baulichen Gründen nicht benutzt werden kann. Die Umfahrstraßen werden entweder durch die Addition von Rangierstraßen und den zur Zugstraße gehörenden Start- und Zieltasten hergestellt, oder die Weichen werden einzeln in die gewünschte Lage gebracht und in dieser Stellung durch besondere Festhaltetasten gesichert.
- Durch die steckbaren Kabelverbindungen zwischen den Relaisgruppen lassen sich im Stellwerk Änderungen im Gleisplan oder vorübergehende Bauzustände wie zeitweise eingleisiger Betrieb mit geringem Aufwand herstellen.
- Schnelle und billige Projektierung der Sicherungsanlagen durch das Baukastenprinzip.
- Industrielle Fertigung und automatische Prüfung der Innenschaltung standardisierter Relaisgruppen.
- Einfachere und weniger zeitaufwendige Prüfung (auch die »Papierprüfung« wird erleichtert) und Instandhaltung der Sicherungsanlagen.
- Weniger Relaistypen, auswechselbare Kassetten für störanfällige Bauelemente wie Flachrelais, Dioden, Kondensatoren, Widerstände.

Die Spurplantechnik sicherte erstmals Rangierfahrten, die sonst ohne sicherungstechnischen Schutz blieben und unter Umständen durch Flankenfahrten Züge gefährden konnten, durch Rangierfahrstraßen mit Schutzweichen.

Wenn in einem großen Spurplan-Stellwerk dessen vollständiger Ausfall nicht mehr zu beherrschen ist, wird die Anlage im Relaisraum in mehrere Anschaltbereiche, also in Einzelstellwerke, unterteilt. Dann kann nur ein solcher Anschaltbereich ausfallen.

Weil das Spurplanstellwerk eine Vielzahl von betrieblichen Einsatzmöglichkeiten bietet und universell genutzt werden kann, ist es teurer als das Vorgänger-Relaisstellwerk, das nach dem Fahrstraßenprinzip arbeitet.

Sp Dr S60

Während die Vorgänger-Bauformen Sp Dr S57 und S59 nur in geringen Stückzahlen gefertigt wurden, sollte das der Bauform Sp Dr S60 bei der Deutschen Bundesbahn zu einer Art Einheitsstellwerk unter den Relaisstellwerken werden. Es wurde 1960 konzipiert und von 1963 an hergestellt.

Die Deutsche Bundesbahn beabsichtigte, ihren Zugbetrieb stärker zu zentralisieren, und überlegte, ob es wirtschaftlicher sei, Nachbarbahnhöfe und Abzweigstellen fernzusteuern oder von einem zentralen Punkt aus fernzustellen. Die direkte Steuerung erwies sich als am wirtschaftlichsten. Dabei gelang es der Firma Siemens, einen elektronisch gesteuerten Signalüberwacher zu entwickeln und dabei die Zahl der Kabeladern je Signal so zu vermindern, so dass Stellentfernungen bis zu 6500 Meter möglich wurden.

Jetzt erst, mit dem Stellwerk der Bauform Sp Dr S60 wurden die großen Zentralstellwerke und –blockanlagen wirtschaftlich. Als diese Bauform entwickelt wurde, war die Sicherungstechnik weiter vorangeschritten, indem inzwischen

- die Signalabhängigkeit auch für Bahnübergangssicherungsanlagen zwingend angewendet wurde, und zwar vom Relaisraum aus mit der Erweiterung, dass der Fahrdienstleiter die Anlage mit den gelben Tastenblocks zählpflichtig an– oder ausschalten kann;
- die Mittelweichenüberwachungsgruppe eingeführt worden war;
- mehrere Antriebe für Weichen und Flachkreuzungen gesteuert und überwacht wurden;
- es den Signalisierten Falschfahrbetrieb gab;
- es den Gleiswechselbetrieb mit und ohne Gegenblocksignale im Zentralblock gab;
- die Sicherheitsbedingungen für Streckenein- und Streckenausgangsabschnitte eingeführt wurden;
- die Nummernstellpulttechnik eingeführt worden war (siehe Kasten S. 90);
- die Besonderheiten des S-Bahn-Betriebes in München und in Hamburg berücksichtigt werden konnten;
- Kurz-/Lang-Ein- und Ausfahrten mit gelöschten Hauptsperrsignalen möglich wurden.

Die Bedien- und Meldeeinrichtungen sind in einem Stelltisch oder in einer Stell- und Meldetafel

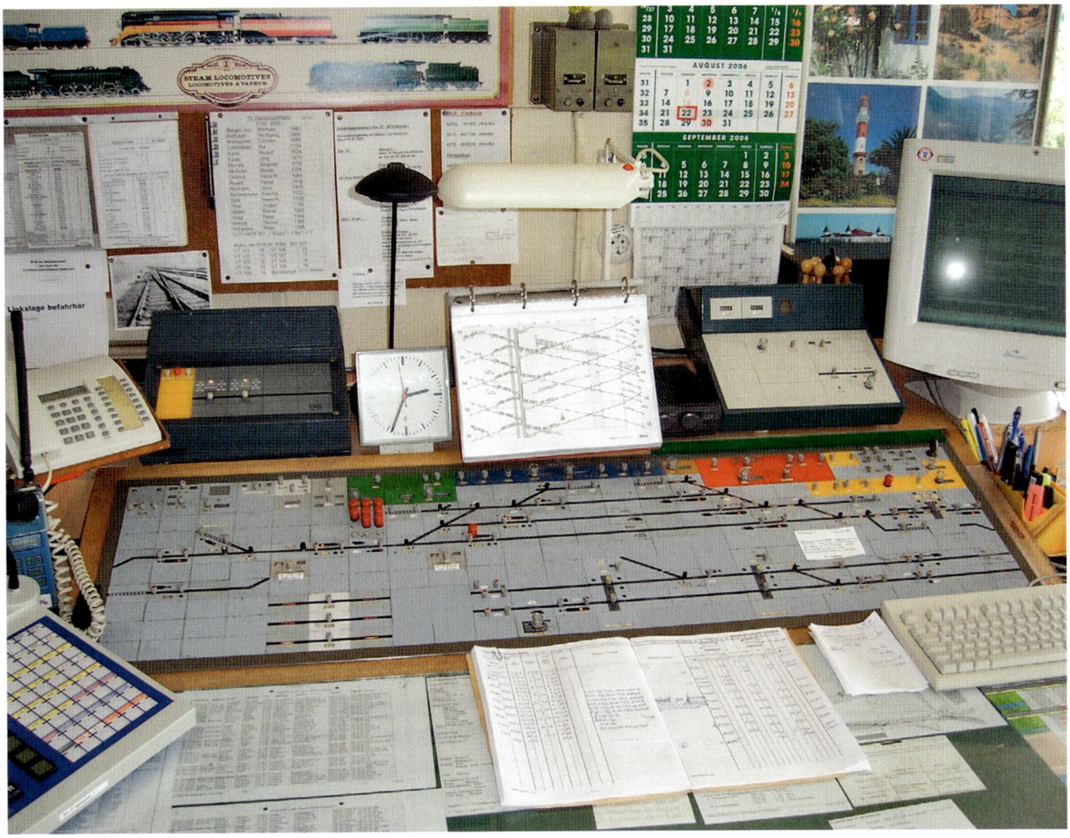

Der etwas verzettelte Arbeitsplatz des Fahrdienstleiters von Cuxhaven, Bauform Sp Dr S60.
Foto: Pfannschmidt

untergebracht und werden durch Drucktasten entweder auf dem Stelltisch direkt oder an der Stelltafel indirekt über das Nummernstell- oder ein Tastenstellpult bedient, zählpflichtige Bedienungen aber nur an der Tafel.

Um die Übersicht zu erleichtern, sind Nahstellbereiche, S-Bahn- und Güterzugstrecken auf den Bedientischen und auf der Tafel andersfarbig lackiert.

Von den Drucktasten gehen die Stellaufträge an die Relais. Optische und akustische Meldungen übermitteln den Stand der Außenanlage auf dem Stelltisch und informieren über den Betriebsablauf. Akustische Signalgeber weisen auf bestimmte Störungen hin. Der Summer ertönt z. B. bei Störungen in der Stromversorgung. Der Wecker informiert über Störungen an Weichen.

Die bisherigen Ausführungen zur Bedienung des Stellwerks Sp Dr S60 treffen auch auf die anderen Bauformen zu, aber das Sp Dr S60 kann zusätzlich folgende Einrichtungen besitzen:

- Selbstblock oder Zentralblock für den Streckenblock;
- Selbststellbetrieb, bei dem sich die Züge die Fahrstraße selbst einstellen;
- Fernsteuerung von Stellwerken kleiner Bahnhöfe von einem Zentralstellwerk aus;
- Zugnummernmeldeanlage und –drucker, so dass das Zugmeldebuch im Regelbetrieb nicht geführt werden muss.

Eine Besonderheit stellte die Unterbauform Sp Dr S60-DR für die Deutsche Reichsbahn in und um Berlin (West) dar. Die Stellwerke besaßen Lichtsignale mit angepassten Siemens-Signalen, die den Signalsystemen der DR (Hl 1-13 bzw Hl / Vl 100-102) entsprachen. Bauherr war teilweise der Senat von Berlin (West), der damit die Bauform bestimmte.

Sp Dr S600

Die Deutsche Bundesbahn und der Hersteller Siemens prüften, inwieweit die Bauform Sp Dr S60 weiterentwickelt werden konnte. Beide gingen davon aus, dass noch Jahre vergehen, ehe ein elektronisches Stellwerk in Betrieb genommen und damit die Relaistechnik abgelöst werden könne. Denn im Zugbetrieb war bei sicherungstechnischen Neuerungen stets Vorsicht geboten und durfte bis zur Serienreife einer Anlage nichts übereilt werden.

Die Deutsche Bundesbahn entschied sich für eine Überarbeitung des Logikteiles im Fahrstraßenbereich. Die Leistungsfähigkeit des Stellwerks wurde durch verschiedene Veränderungen angehoben:

- DIe Länge der Fahrstraßen Ist unbegrenzt hinsichtlich der Zahl der hintereinander liegenden, jedoch mit einer einzigen Bedienung einzustellenden Fahrstraßen (sogenanntes unbegrenztes Überdrücken von Fahrstraßen).
- Die Hilfsauflösung einer Fahrstraße wird durch Bedienung des Zielpunktes in Verbindung mit der Gruppentaste vorgenommen (sogenannte 2-Punkt-Auflösung).
- Signalhaltprüfung vor Zugstraßenhilfsauflösung mit »Anrückverschluss«, das bedeutet: Die Hilfsauflösung einer Zugstraße ist unwirksam, wenn das zugehörige Hauptsignal »Fahrt« zeigt. Dies schützt gegen unbedachte Auflösungen. Vor anrückenden Zügen kann der Schutz erzwungen werden durch einen wahlweise einzusetzenden sogenannten Anrückverschluss. Dieser verhindert über ein regelbares Zeitglied die Hilfsauflösung solange, bis ein anrückender Zug vor dem auf »Halt« gestellten Signal zum Halten gekommen ist.
- Rangierwendefahrt in Weichenbereichen mit erleichtertem Richtungswechsel und automatischer Restfahrstraßenauflösung.
- Für den Flankenschutz ein besonderer Melder, der anzeigt, ob für diese Weiche Flankenschutz gegeben ist.
- Festlegeüberwachungsmelder (FÜM) zeigt an das Zugstraßenbedingungen vollständig erfüllt und überwacht werden; Esatzsignal kann ohne vorherige Sperrung der Weichenlaufkette bedient werden

Wesentliche Eckwerte im Vergleich [7]:

	SpDrS 600	SpDrS60
Spuradern (Fahrstraßen)	40	20
Spuradern (Signale)	20	20
Spuradern (Strecke)	2 x 20	20
Ringleitungen	80	60
Relaisplätze (max.) je Gruppe	48	36
Gruppentypen (Größen)	3	2
Gruppenausgänge	420	200
Stromzuführungen	15	12

Mit der neuen Bauform sollten der Bediener entlastet und der Betrieb flüssiger werden. Auch die Relais-Innenanlage wurde konstruktiv neu gestaltet. Die Grundlage des Schaltungssystems bildete wieder das technisch bewährte Signalrelais K 50.

Fernsteueranlagen

1951 eröffnete die Deutsche Bundesbahn auf der stark belegten, 12,2 Kilometer langen Strecke Bebra–Cornberg die erste Fernsteueranlage mit Gleiswechselbetrieb.[4] Der Zugbetrieb sollte flüssiger werden und auf das sonst notwendige Überholungsgleis verzichtet werden. Die Fernsteueranlage brachte allerdings nicht das erhoffte Ergebnis, weil die »fliegenden Überholungen« nur unter bestimmten Bedingungen zustande kamen. Die Anlage nützte jedoch bereits dadurch, dass Kreuzungen und Überholungen vom stark benutzten Bahnhof Bebra auf die freie Strecke verlegt und die Bebraer Bahnhofsgleise zeitiger frei wurden.

Am 13. Oktober 1952 ging mit Einschaltung der 19 Stellwerke der Bauform Dr I auf der zweigleisigen Strecke Regensburg–Nürnberg ausschließlich Bahnhof Neumarkt (Oberpf) die Fernsteuerung in Betrieb, hauptsächlich um die signaltechni-

4 Zunächst wurde er Richtungswechselbetrieb genannt.

Arbeitsplatz eines Streckenfahrdienstleiters mit Streckentafel im Frankfurter Zentralstellwerk. Auf dem rechten Teil der Meldetafel befanden sich die Strecken nach Offenbach, Darmstadt, Mainz sowie von Frankfurt Ost über Ffm Süd, Forsthaus und Sportfeld nach Mannheim.
Foto: entnommen Jahrbuch des Eisenbahnwesens Folge 10 Darmstadt 1959

sche Fernsteuerung zu erproben. Im Vordergrund stand nicht die vermutete Personaleinsparung.
Drei Betriebsstufen waren vorgesehen: der Durchleit-, Fernstell- und für Rangierarbeiten der Ortsbetrieb. Die Fernsteuerung bewährte sich so gut, dass sie zum Vorbild für andere Fernsteuerungsanlagen bei der Deutschen Bundesbahn und in der ganzen Welt wurde. Erst in den folgenden Jahren wurde neben Verfeinerungen der Signal- und Fernmeldetechnik (zum Beispiel 1957 Stördrucker aufgestellt) systematisch nachgeholt, was an äußeren Bedingungen für den effektiven Fernsteuerbetrieb notwendig war: Außenbahnsteige und Bahnsteigunterführungen.
Im Oktober 1956 ging die Fernsteuerung an der »Kanonenbahn« zwischen Malsfeld und Treysa (einer zwischen den Strecken Bebra–Kassel und Gießen–Kassel gelegenen Nebenbahn, heute ohne Personenverkehr) in Betrieb, wobei es sich um funkgesteuerte Stellwerke mit selbsttätigen Fahrortmeldungen handelte.
Seit dem 11. August 1957 wurde der Eisenbahnknoten Frankfurt (Main) Hbf einschließlich 75 Kilometer Zulaufstrecken von einem Zentralstellwerk gesteuert, dem damals größten der Bundesbahn. Der damalige Stand der Technik lautete: Fernsteuerung für 22 Betriebsstellen, Zugnummernmeldung, Zugzeitdrucker, Störungsdrucker, Störungssprecher, Betriebsdrucker. Neu war die selbsttätige Zuglenkung mit Hilfe kodierter Zugnummern für den großen Bahnhof. Die Bundesbahn hatte sie bislang nur für kleinere Bahnhöfe zugelassen.
Zwischen 1966 und Ende 1968 kam die Fernsteuerung zur »Vogelfluglinie« hinzu, der eingleisigen Hauptbahn Bad Schwartau–Puttgarden. Die kleineren Bahnhöfe erhielten den Stellwerkstyp Dr S2, nur Großenbrode besaß ein Sp Dr S59. Alle Stellwerke wurden von 1966 bis September 2023 von Puttgarden Streckenstellwerk »Pzf« ferngesteuert. Die Deutsche Bundesbahn führte auch den Selbststellbetrieb ein. Nähert sich ein Zug

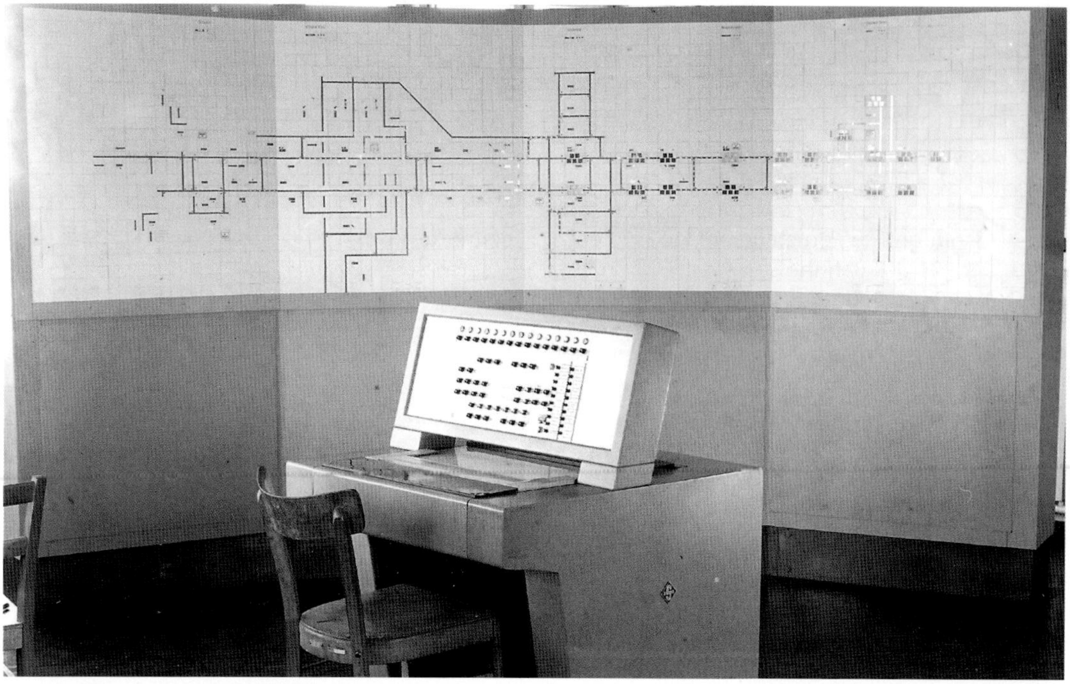

Meldetafel und Stellpult für den Linienfahrdienstleiter Eichgestell (links)—Grünauer Kreuz—Schönefeld—Waßmannsdorf (ferngesteurt)—Glasower Damm (ferngesteuert) (rechts) auf dem Berliner Außenring (1957). Diese Anlage war bis 1965/66 in Betrieb. *Foto: Historische Sammlung der DB*

einem Signal, prüft das Stellwerk ohne Zutun des Fahrdienstleiters, ob der vorgelegene Blockabschnitt frei ist und die Erlaubnis in diese Richtung weist und stellt die Signale auf Fahrt.

Die Vogelfluglinie sollte, abgesehen von einer am 26. Mai 1970 in Betrieb genommenen vereinfachten Fernsteuerung der Biggetalbahn Attendorn Kraghammer—Olpe, die letzte Fernsteuerstrecke bleiben, denn die Bundesbahn wollte nicht auf langen unbesetzten Streckenabschnitten Behinderungen des Zugverkehrs hinnehmen, wenn es zu Störungen der Anlagen kam. Die Entwicklung ging zu Knoten- und Nachbarfernsteuerungen, bei denen von einem großen Bahnhof die umliegenden Bahnhöfe und Blockstellen mit bedient werden.

Bei der Deutschen Reichsbahn begann die Entwicklung von Fernsteueranlagen Ende der 1950er Jahre. Dabei wurden industriell bereits entwickelte Fernwirksysteme für die DR nutzbar gemacht. Der Betriebsdienst nahm diese Technik zunächst nur sehr zögernd an, da es kaum vorstellbar war, Betriebsstellen vollkommen unbesetzt zu lassen. Im Januar 1960 war die technische Erprobung der ersten Streckenfernsteuerung der DR zwischen Glasower Damm und Eichgestell auf dem südlichen Berliner Außenring abgeschlossen. Diese mit Relais arbeitende Technik ging im Juni 1961 vollständig in Betrieb. Eine Ausdehnung dieses Versuchsbetriebes bis Saarmund unterblieb. Da für ein umfangreicheres betriebliches Fernsteuerkonzept inzwischen elektronische Technik zur Verfügung stand, endete der Großversuch Fernsteuerung auf dem südlichen Berliner Außenring bereits 1965/66.

Vom Aufbau der Übertragungsnetze und der betrieblichen Bedürfnisse unterschied die DR zwei Arten von Fernsteueranlagen:

- Punkt-Punkt-Steuerung zur Fernsteuerung einer Nachbarbetriebsstelle vom Stellwerk eines vorgelegenen Bahnhofs aus (Nachbarfernsteuerung) Diese Nachbarfernsteuerungen dienten zur Bedienung kleinerer Bahnhöfe oder Abzweigstellen im Umfeld größerer Bahnhöfe.
- Liniensteuerung zur Fernsteuerung der

Bahnhöfe entlang einer Strecke.
Dabei kamen drei Bauformen zum Einsatz:

- ursatrans 101 (für Punkt-Punkt-Steuerung)
- ursatrans 111 (für Linien-Steuerung)
- FS 3 DV 68 (ursatrans 4133 integriert)

Nach der Schaffung weiterer kleinerer Anlagen in Graustein, Schkopau und Bad Sulza wurde 1969 die bis dahin größte Fernsteueranlage im Zentralstellwerk B1 des Bahnhofs Rostock Hbf errichtet und in Betrieb genommen. Am 26.09.1969 ging die Fernsteuerung für den 81,5 km langen eingleisigen Streckenabschnitt Rostock Überseehafen—Waren (Müritz) mit 14 Bahnhöfen in Betrieb. Darin standen zwei Bedienplätze, ein Universal-Bedienpult, eine Panoramatafel und die Zugnummernmeldeanlage zur Verfügung. Die Fernsteuerzentrale war eine gemeinsame Entwicklung mit der Sowjetischen und der Tschechoslowakischen Staatsbahn.

Am 15.03.1971 wurde die Fernsteuerung um den Abschnitt Waren (Müritz) - Neustrelitz erweitert. Angeschlossen wurden insgesamt 18 Bahnhöfe der Strecke Neustrelitz - Rostock. Als Zusatzeinrichtungen erhielt die Anlage einen Zuglaufschreiber und ab 1977 auch eine Zugnummernmeldeanlage. Die Rostocker Fernsteueranlage brachte auf der damals noch eingleisigen Strecke betriebliche Vorteile, da der Betrieb wesentlich übersichtlicher und transparenter ablief. Die Streckenfahrdienstleiter, die gleichzeitig als Zugdispatcher fungierten, konnten die Zugfolge auf der gesamten 117 km langen Strecke direkt beeinflussen. Damit war sie die längste Fernsteuerstrecke in den Netzen der beiden deutschen Staatsbahnen.

Alle Bahnhöfe der ferngesteuerten Strecke waren mit Gleisbildstellwerken der Bauform II ausgerüstet, die aber planmäßig nicht besetzt wurden. Sie wurden über Fernwirktechnik ursatrans PCS 111 aus dem VEB Steremat Berlin angesteuert. Die Sicherung der Zugfahrten auf der freien Strecke erfolgte durch automatischen Streckenblock. Als Bindeglied zu den benachbarten Bahnhöfen außerhalb des Fernsteuerbereiches fungierte ein Relaisblock mit Achszählern. Die durchgehenden Hauptgleise der Bahnhöfe waren mit Durchfahrbetrieb ausgerüstet. Die Hauptsignale des jeweiligen Bahnhofs wurden bei eingeschaltetem Durchfahrbetrieb durch den Zug der eingestellten Erlaubnisrichtung gesteuert. Bei einem Wechsel der Erlaubnis lief diese automatisch bis zum

Arbeitsplätze der Streckenfahrdienstleiter / Zugdispatcher und Meldetafel in der Fernsteuerzentrale Rostock.
Werkfoto WSSB

nächsten, nicht auf Durchfahrbetrieb geschalteten Bahnhof weiter.

Ein Teil der Bahnhöfe war durchgehend bzw. zeitweise mit einer Aufsicht besetzt. Dadurch war es möglich die Sicherungsanlagen einzelner Bahnhöfe schnell auf Ortsbetrieb zu schalten. Das war bei Störungen, Bauarbeiten und Sperrung eines Gleises der freien Strecke erforderlich. In einem solchen Fall fungierten die Aufsichten als Bahnhofsfahrdienstleiter.

Mit dem zweigleisigen Ausbau und der Elektrifizierung dieser Strecke ging die Fernsteueranlage in Rostock Hbf am 27. Januar 1985 wieder außer Betrieb. Die vorhandenen Gleisbildstellwerke wurden angepasst und ständig örtlich besetzt.

Eine neue Fernsteuerzentrale erhielt die DR 1980 im Knoten Seddin. Neben der Fernsteuerung der Vorbahnhöfe Michendorf und Beelitz Heilstätten sowie drei weiterer ferngestellter Abzweigstellen wurde der gesamte Streckenbereich mit automatischem Streckenblock AB 70 ausgestattet. Eine Zugnummernmeldeanlage und ein Zugzeitdrucker ergänzten die Anlage, die durch drei Fahrdienstleiter gesteuert wurde. Mit der Inbetriebnahme des elektronischen Stellwerkes Michendorf, über das von der Betriebszentrale in Berlin-Pankow aus der Betrieb zwischen Michendorf und Borkheide (außer Rbf Seddin) gesteuert wird, ging auch diese Anlage 2004 außer Betrieb.

Ablaufstellwerke

Die Relaistechnik wurde auch für die Stellwerke am Ablaufberg genutzt, 1954 erstmals in Gremberg, dann auf weiteren Verschiebebahnhöfen. Sie waren mit der Entwicklung der Stellwerke bald überholt, so dass die Deutsche Bundesbahn die bewährte Bauform Sp Dr S60 auch für den Ablaufbetrieb nutzte und 1963 sowie 1964 Prototypen in Seelze Rbf bzw. in Kornwestheim in Betrieb nahm.

Wesentlich bei dem Stellwerk der Bauform A Dr S60 ist, dass alle unbeabsichtigten Abweichungen vom Programm durch ein selbsttätig arbeitendes Überwachungssystem erkannt und gemeldet werden. Der Anlaufwärter wird dadurch wesentlich entlastet.

Zum Stellwerk gehört eine Programmiereinrichtung, welche die Angaben für die einzelnen Abläufe dem Rangierzettel entnimmt und als Lochstreifen in den Ablaufspeicher eingibt. Der nimmt die Laufziele (Richtungsgleisnummern) in der Reihenfolge der Eingabe auf, speichert sie und gibt sie zum gewünschten Zeitpunkt in der gleichen Folge wieder aus.

Die Ablauffolge kann auch einzeln oder in Gruppen manuell mit Hilfe einer Zehnertastatur auf dem Gleisbildtisch eingegeben werden. Der Vorzug des Ablaufstellwerks ist der automatische Ablauf der Wagen und Wagengruppen eines ganzen Zuges, ohne dass der Wärter eingreifen muss. Die Abstände der Fahrzeuge werden durch Achszähler und Lichtschranken überwacht.

Schaltet der Wärter die selbsttätige Ablaufautomatik durch Drücken der Einschaltgruppentaste mit der betreffenden Bergtaste ein (wobei diese Tastenbedienung nur dann Erfolg hat, wenn alle Weichen- und Zwischenabschnittszonen, also die gesamte Verteilzone, frei sind), bewirkt er folgende Änderungen:

- Sind stumpf befahrene Weichen vorhanden (bei mehreren Berggleisen), dann laufen diese selbsttätig in die erforderliche Lage.
- Gleisbremsen werden der Reihe nach in die Bereitschaftsstellung gehoben.
- Der Ablaufweichenumformersatz wird in Betrieb gesetzt.
- Im Speicherausgabefeld leuchtet die Richtungsgleisnummer des ersten zur Ausgabe anstehenden Ablaufs mit der Ordnungsnummer 01 auf.
- Im Stelltisch leuchten der Ablaufpfeil (gelb) und die Melder für die Gleisbremsen in der oberen Lage (rot).

Die im Speicher enthaltenen Informationen werden in der Reihenfolge des Ablaufprogramms durch Einwirkung von Gleisschaltmitteln abgerufen und in den ersten Laufwegspeicher übertragen. Die Speicherentnahmen beginnen, wenn die erste Achse des Ablaufs den kurz vor der ersten Weichenwirkzone angeordneten Achszähler überrollt; beim zweiten und allen folgenden Abläufen jeweils mit dem Freifahren der Wirkzone der ersten Verteilerweiche.

Die Deutsche Reichsbahn erhielt vom WSSB das automatische Ablaufstellwerk auf der Basis der Bauform GS II DR. Das erste von 1958 wurde weiterentwickelt zum Stellwerk der Bauform GS II A68.

Neben dem Stelltisch besaß das Stellwerk »R 9« in Dresden-Friedrichstadt einen Bedientisch der Bauform GS II A68 für die Gleisbremsen. *Foto: Kaden*

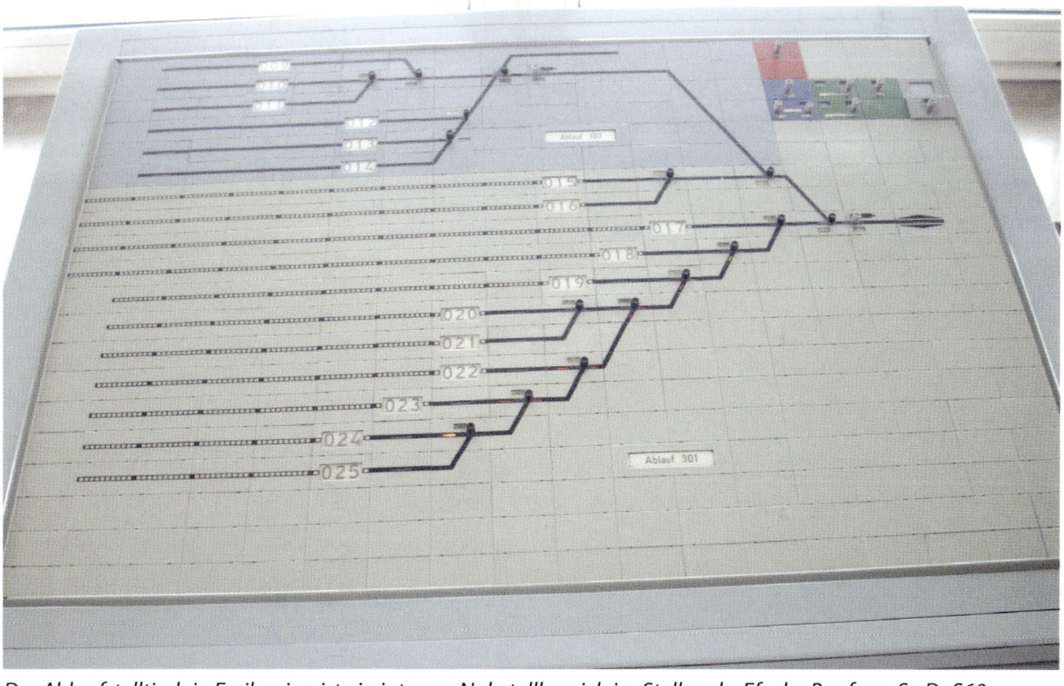

Der Ablaufstelltisch in Freilassing ist ein interner Nahstellbereich im Stellwerk »Ff« der Bauform Sp Dr S60. *Foto: Fährmann*

Elektronische und digitale Stellwerke

Diese Bauart von Stellwerken unterscheidet sich von den bisherigen grundlegend. Das klassische Stellwerk als Zentralapparat des Eisenbahnbetriebes hat sich endgültig verabschiedet. Nicht die Mechanik, Feinmechanik und Elektrotechnik der Stellwerke in von Architekten und Baumeistern entworfenen und mehr oder weniger gelungenen Gebäuden regeln und schützen den Rangier- und Zugbetrieb auf den Bahnhöfen und Strecken, sondern als vierte Generation der Sicherungstechnik ist es die Software, die sich allerdings im Eisenbahnwesen von der üblichen Bürotechnik schon wegen der strengen Anforderungen im Eisenbahnverkehr grundlegend unterscheidet. Noch geht es nicht ohne Relais für die Signale, egal von welchem Hersteller sie sind.

Die Unterschiede der Bauformen der Hersteller sind äußerlich kaum mehr sichtbar, allenfalls in den Gleisschaltmitteln, die nur der gewiefte Fachmann erkennt. Die Merkmale der Bauformen sind äußerlich lediglich an der Hardware zu sehen, an der Bedieneinheit wie Tastatur, Grafiktableau oder an der Maus sowie daran, ob das Stellwerk mit oder ohne Bereichsübersichten arbeitet. Wer genau hinsieht, entdeckt vielleicht im Bild auf dem Monitor einen Hinweis, das den Hersteller des Stellwerks nennt.

Wie gestaltete sich die Entwicklung der elektronischen Stellwerke? Die Bahnen, insbesondere seinerzeit die Deutsche Bundesbahn, misstrauten der Zusage, diese Stellwerke werden fehlerfrei arbeiten. Für die Sicherheit des Zugbetriebs und den geregelten Betriebsablauf stand, wenn sie versagten, viel auf dem Spiel. Folglich mussten die

Hinter dem Intercity ist das Zentralstellwerk von Bingen Hbf zu sehen, der zur Inbetriebnahme mit der Bauform El L am 3. Februar 1996 noch Bingerbrück hieß (2008). Damals baute man noch solche Stellwerkstürme.
Foto: Erich Preuß

Zahl der elektronischen Stellwerke nach [3]

	Deutsche Bundesbahn	Deutsche Reichsbahn	Deutsche Bahn
1989	4	-	-
1990	9	-	-
1991	14	-	-
1992	19	-	-
1993	19	3	-
1994	-	-	36
1995	-	-	51
1996	-	-	61
1997	-	-	83
1998	-	-	87
1999	-	-	104
2000	-	-	122
2001	-	-	450
2002	-	-	432
2003	-	-	501
2004	-	-	585
2005	-	-	640
2006	-	-	709
2007	-	-	815
2008	-	-	893
2009	-	-	1020
2010	-	-	952
2011	-	-	373* (neue Zählweise)
2012	-	-	415
2013	-	-	407
2014	-	-	424
2015	-	-	338
2016	-	-	361
2017	-	-	385
2018	-	-	375
2019	-	-	351
2020	-	- ab 2020 neue Zählweise	1369 (ESTW-A, ESTW-Z)
2024	-	-	1517

Im Stellwerk von Orxhausen an der Hochgeschwindigkeitsstrecke Hannover—Würzburg. Bei den ersten Stellwerken glaubte man, es seien noch die Panoramatafeln notwendig. *Foto: Bundesbahndirektion Hannover/Weihe*

Hersteller das Pflichtenheft beachten, nach dem beispielsweise die Bedienung und Anzeige sicher aufgebaut sowie die Baugruppen sicher und vor Ausfällen geschützt sein müssen. Dazu wurden verschiedene Verfahren entwickelt, die bei der Beschreibung der Bauformen El L und El S genannt werden.

Die Elektronik kam keinesfalls schlagartig in die Sicherungstechnik der Eisenbahn. Schon in den 1960er Jahren hatte die Deutsche Bundesbahn elektronische Achszähler und Fernsteuersysteme eingesetzt sowie Prozessrechner für die Steuerung von Rangierbahnhöfen. Auch Fernsteuer- und Betriebsleitzentralen waren geschaffen worden. Etwa von 1970 an prüfte das Bundesbahn-Zentralamt München in Zusammenarbeit mit Stellwerksherstellern, ob die Elektronik wirtschaftlich in Innenanlagen verwendet werden könnte. Dabei stellte sich heraus, dass sie gegenüber Relaisstellwerken viel zu teuer war.

Aber am Beginn der 1980er-Jahre verfiel der Preis der Bauelemente, so dass nur noch die Sicherheitsanforderungen prekär blieben. Am 25. September 1979 beauftragte der Entwicklungsausschuss der Bundesbahn sein Münchner Zentralamt mit einer Projektstudie »Ist ein Einheitsstellwerk günstiger?«. Die Firmen Siemens, SEL und AEG sowie die Technische Universität Braunschweig empfahlen kein Einheitsstellwerk.

Im April 1983 entschied der Vorstand der Deutschen Bundesbahn, elektronische Stellwerke verschiedener Hersteller zu erproben und ihre Betriebsbedingungen und die Wirtschaftlichkeit zu vergleichen. Zumindest die Funktionen der Relaisstellwerks-Bauformen Sp Dr S600 bzw. Sp Dr L60 sollten die elektronischen Stellwerke erfüllen, Unregelmäßigkeiten und Störungen flexibel beherrschen und die Fahrdienstleiter unterstützen.

In der DDR erhielt das Kombinat Anlagenbau und Automatisierungstechnik Berlin nach 1982 den Auftrag, ein Mikrorechner-Stellwerk (MR) zu entwickeln. Als Standort für eine Versuchs- und spätere Referenzanlage war der Bahnhof Berlin-Schönefeld Flughafen vorgesehen. Die Versuchsanlage sollte ab Dezember 1985 funktionsfähig sein. Die Erprobung begann 1983 unter Geheimhaltung. Die Versuche wurden 1985 aufgrund fehlender Mittel und Möglichkeiten abgebrochen, auch da einige Bauteile auf der westlichen Embargoliste standen.

Andere Form der Sicherheit

Allerdings musste das bisher eherne »Prinzip der schützenden Zurückweisung« aufgegeben werden. Bei der Relaisschaltung wirkt es derart, dass der Ausfall eines Teils nicht zu einem gefährlichen Zustand führt, sondern sich immer nur »zur sicheren Seite«. Bei Tausenden von Transistorfunktionen auf einem Chip lässt sich das aber nicht nachweisen.

Eine andere Art von Sicherheitsvorkehrung musste eingeführt werden. Es lief auf den Einsatz mehrerer Rechner sowie im Ausgang Vergleicher und Mehrheitsentscheider hinaus, was u. a. in den Kürzeln 2 v 3 bzw. 2 v 2 wiederzufinden ist. Nur wenn nach dem Vergleich der Programme die Ergebnisse übereinstimmen, wird der Auftrag der Stellwerksfunktion ausgeführt. Bei sicherheitsrelevantem Unterschied der Softwarekanäle wird die Hardwaregruppe spannungslos, die Hauptsignale zeigen dann zwangsweise »Halt«. Unabhängig vom jeweiligen Sicherheitskonzept werden die Komponenten ständig intern überprüft. Auf die Unterschiede bei den Bauformen El S und El L wird noch eingegangen.

Zwischen 1985 und 1987 wurden in Murnau, Overath, Essen-Kupferdreh, Detmold und Springe Test-Stellwerke von Siemens errichtet. Das in Murnau ging nach drei Jahren am 29. November 1988 als erstes »sicherheitsverantwortlich« in den Regelbetrieb.

Die SEL-Stellwerke wurden zwischen 1985 und 1987 auf den Bahnhöfen Renningen und Neufahrn (Niederbay) gebaut; das von AEG-Telefunken in Dieburg. Die AEG konnte allerdings die geforderten Nachweise der »Bahntüchtigkeit« nicht erbringen und stellte die weiteren Arbeiten mit elektronischen Stellwerken ein.[1]

Danach galten folgende Grundsätze: Der Fahrdienstleiter-Arbeitsplatz des elektronischen Stellwerks soll

- höchstens zwei Bildschirme als Lupenanzeigen für die Detaildarstellung,
- höchstens zwei Bildschirme für die Übersichtsdarstellungen, zum Beispiel der Fahrstraßen,
- einen Eingabe- und Kontrollbildschirm für die Eingabe von Stellbefehlen und Mitwirkung

1 1993 durch ein Stellwerk von Siemens ersetzt

bei Störungsbehandlungen,

- einen Protokoll- und Störungsdrucker

haben.

Die Farben und Symbole der Bildschirme, die den Betriebsablauf anzeigen, wurden von den bereits mit Bildschirmen arbeitenden Betriebsüberwachungen bzw. Leitstellen übernommen. Dementsprechend ähneln sich die Stellwerke der drei Hersteller.

Zur Zeit, als die Hersteller bei der Deutschen Bundesbahn ihre neuen Stellwerke erprobten, war seit 1986 das Stellwerk »Kf« in Hürth-Kendenich (Häfen und Güterverkehr Köln) in Betrieb, im Südbereich um zwei abgesetzte Stellrechner erweitert. Die U-Bahn in Frankfurt (Main) besaß ebenfalls ein elektronisches Stellwerk, wenn auch in einfacherer Ausführung, ohne Rangierstraßen und ohne Bahnübergänge.

Funktionell werden in elektronischen Stellwerken alle erforderlichen Abhängigkeiten – wie beispielsweise die zwischen Signalen, Weichen, Gleissperren – gemeinhin als Signalabhängigkeit bezeichnet - und die Prüfung, ob Stellvorgänge und Zugfahrten zugelassen werden können, von der Software eines Rechners ausgeführt. Bei der Software dieser Stellwerke gibt es wie beim Relaisstellwerk den Gegensatz, dass sie entweder nach den Fahrstraßen oder nach dem Lageplan berechnet ist.

Der Fahrweg wird stets automatisch geprüft, ob er besetzt oder frei ist. Scheinbar neu war die räumliche Entfernung des Bedienplatzes vom Stellwerk, denn so etwas gab es bereits bei den Relaisstellwerken, wenn auch selten genutzt. Die Bedienung des Stellwerks erfordert keine Hebel- oder Tastenbewegung, diese übernimmt der Rechner. Deshalb werden sowohl der Bedienplatz als auch die Betriebszentrale nicht mehr als Stellwerk bezeichnet. Dieser Begriff gilt allein für die Sicherungsanlage (ESTW-A).

Im Unterschied zu bisherigen Stellwerksbauarten ist es mit Hilfe sogenannter Datenbusse möglich, die Stellwerke, Signale etc. über weite Entfernungen zu steuern. Daraus ergeben sich zwei Varianten:

1. Außenanlagen mit peripherem Stellwerksteil in deren Nähe (Stellrechner bzw. ESTW-A), verbunden mit einem zentralen Stellwerksteil (Unterzentrale bzw. ESTW-UZ oder Zentrale

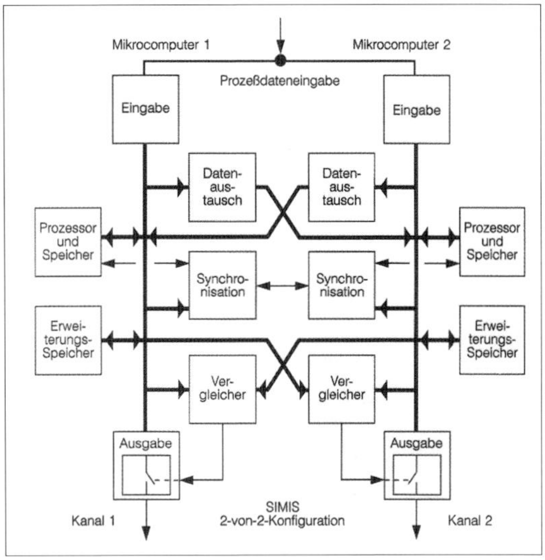

SIMIS-Rechner in 2 von 2- Konfiguration.

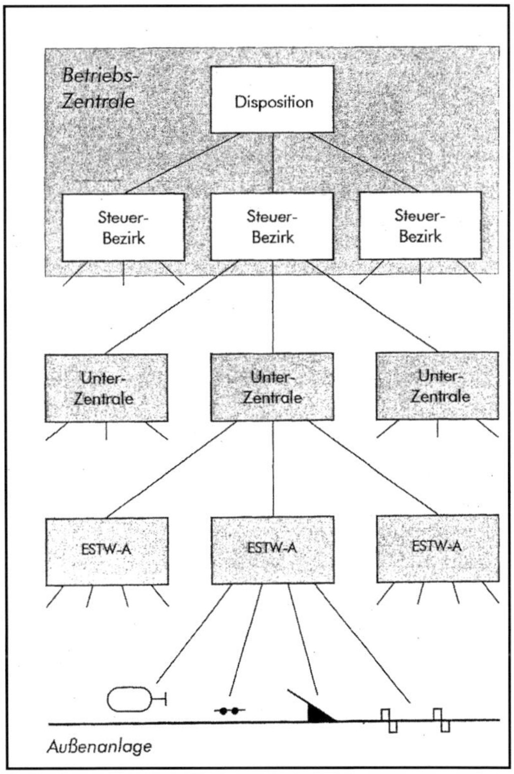

Schema der Stellwerksanordnungen von der Außenanlage bis zur Betriebszentrale.

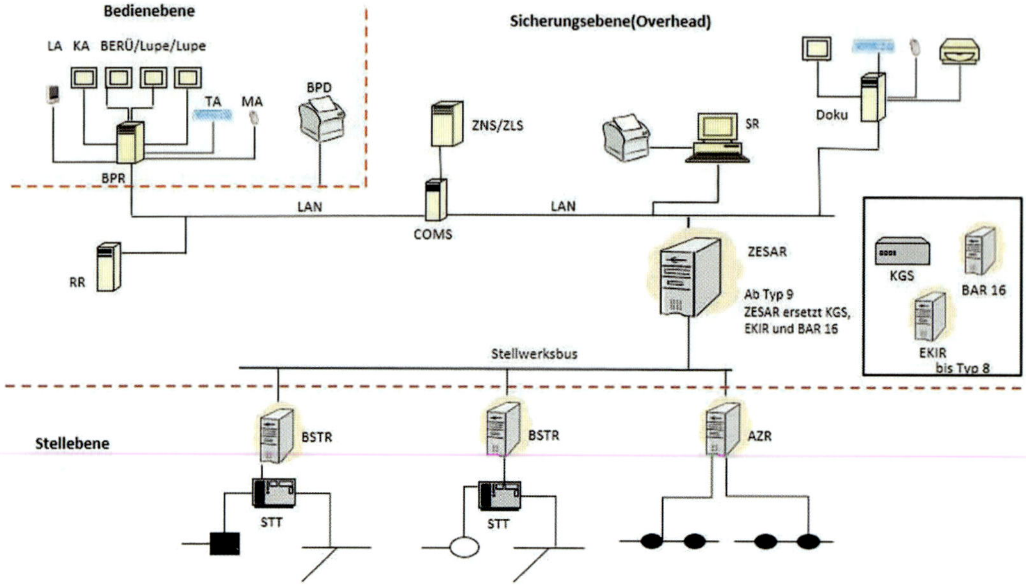

Systemaufbau eines ESTW Siemens (SIMIS C mit Bedienplatzsystem 901) in der UZ

ESTW-Systemaufbau SIMIS-C mit Bedienplatzsystem 901 im ESTW-Z. Es bedeuten:

AZR — *Achszählrechner*
BAR 16 — *Bedien- und Anzeigerechner (16 Bit)*
BERÜ — *Bereichsübersicht*
BPD — *Bedienplatzdrucker*
BPR — *Bedienplatzrechner*
BSTR — *Bereichsstellrechner*
COMS — *Kommunikationsserver*
DOKU — *Dokumentationsrechner*
EKIR — *Eingabe-, Kontroll- und Interpretationsrechner*
KA — *Kommunikationsanzeige*
KGS — *Kommunikations-Geräte-Selektor*
LA — *Lautsprecher*
LAN — *Lokales Netzwerk*
MA — *Maus*
REF — *Referenzrechner*
SR — *Servicerechner*
STT — *Stellteil*
TA — *Daten-Eingabetastatur*
ZeSAR — *Zentraler Schnittstellen- und Aufrüstrechner*
ZLS — *Zuglenkung Siemens*
ZNS — *Zugnummernmeldeanlage Siemens*

bzw. ESTW-Z) und diese mit dem Bedienplatz. Die abgesetzten Stellrechner arbeiten mit dem zentralen Stellwerksteil zusammen. Diese Gruppierung ist geeignet für große Fahrdienstleiterbezirke und große Bahnhöfe mit angeschlossenen Betriebsstellen.

2. Die Außenanlagen sind an ein komplettes Stellwerksteil angeschlossen und dieses wird vom Bedienplatz gesteuert. Geeignet für kleine Bahnhöfe, doch können mehrere kleine Stellwerke zu einem großen Fahrdienstleiterbezirk zusammengeschlossen werden.

Inwieweit große oder kleine Bereiche gebildet werden, hängt von der Adressierbarkeit der Anlagen für die Software, der Zahl der internen Datenleitungen und damit im Zusammenhang stehenden Zeitproblemen sowie der Auffassung ab, wie viel Bedienung einem Fahrdienstleiter zuzumuten ist, auch wenn ihn die Zuglenkung wesentlich entlastet.

Innnerhalb eines Steuerbezirkes können die Bereiche der Bedienplätze der örtlich zuständigen Fahrdienstleiter je nach Anforderung vorübergehend verschoben oder konzentriert werden.

Bei Ausfall der Fernübertragung über den Security Gateway zwischen Betriebszentrale und Unter-

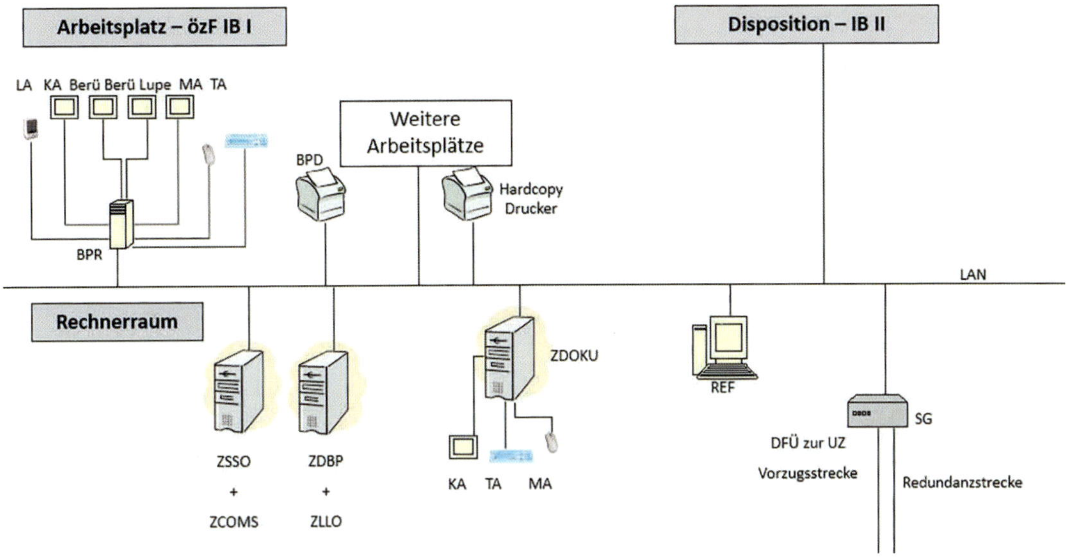

Systemaufbau eines Steuerbezirks Bauform Siemens in der BZ

zentrale können die ESTW auch von einem »Notbedienplatz« in der Unterzentrale (UZ) bedient werden..
Im elektronischen Stellwerk werden übliche Bauelemente und -gruppen verwendet, doch an den »Schnittstellen« zu den Außenanlagen müssen oft wegen ihrer der Elektronik überlegenen Eigenschaften noch Relais benutzt werden.
Unterschiedlich sind die »Eingabemedien«: Tastatur, Bedienstift mit Grafiktableau oder die Maus. Die ersten elektronischen Stellwerke erhielten zum Eingeben der Bedienbefehle gleich dem Personalcomputer alphanumerische Tastaturen, die jedoch den Bedienern wegen ihrer abstrakten Form Mühe bereiteten und Zeit kosteten. Die Maus erwies sich ab 1998 als beste Lösung, zumal dieses Verfahren auch für Betriebszentralen geeignet ist, da der Arbeitsplatz nicht auf einen Gleisplan fest eingestellt ist, sondern die Betriebsstellen eines Steuerbezirkes variabel aufgeschaltet werden können. In diesen Bedienplatzsystemen ist auf den Lupen und Bereichsübersichten ein Mauszeiger eingeblendet, der wie bei einem PC mit einer Maus bewegt werden kann. Damit können die zu bedienenden Elemente auf dem Bildschirm angeklickt und dadurch das Bedienkommando zusammengestellt werden.

Grundsätzlicher Systemaufbau Steuerbezirk Betriebszentrale Bauform Siemens.
Es bedeuten:

BERÜ	*Bereichsübersicht*
BPD	*Bedienplatzdrucker*
BPR	*Bedienplatzrechner*
DFÜ	*Datenfernübertragung zur UZ*
IB	*Integritätsbereich*
KA	*Kommunikationsanzeige*
LA	*Lautsprecher*
LAN	*Lokales Netzwerk*
MA	*Maus*
REF	*Referenzrechner*
SG	*Security Gateway*
SR	*Servicerechner*
TA	*Daten-Eingabetastatur*
ZCOMS	*Zentraler Kommunikationsserver*
ZDBP	*Zentrale Datenserver Bedienplatz*
ZDOKU	*Dokumentationsrechner*
ZLLO	*Zentraler Zuglenkserver Operation*
ZLS	*Zuglenkung Siemens*
ZNS	*Zugnummernmeldeanlage Siemens*
ZSSO	*Zentraler Zugstandortserver Operation*
özF	*örtlich zuständiger Fahrdienstleiter*

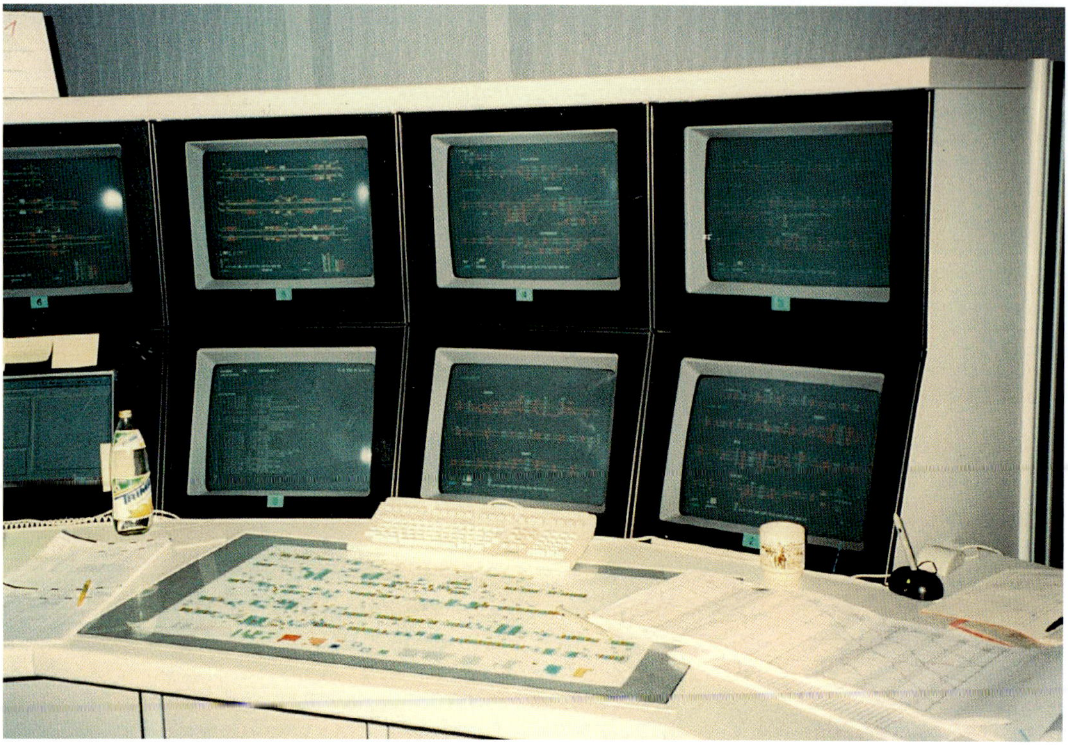

Arbeitsplatz in der Betriebszentrale Magdeburg im November 1995. Sie war das Referenzobjekt von Siemens und softwareseitig teilweise weiterentwickelt als später die sieben großen Betriebzentralen, da alles aus einer Hand geliefert wurde. Vor hier aus konnten 93,6 km Strecke gesteuert werden. Dafür standen zwei von einander unabhängige Fahrdienstleiter-Bedienplätze sowie ein Reservearbeitsplatz, der bei Bedarf mit einem 3. Fahrdienstleiter besetzt werden konnte zur Verfügung. Diese waren mit folgenden Anlagen ausgerüstet: grafisches Bedientablett für ESTW, Zugnummernmeldeanlage und Zuglenkung (Freigabe an Zuglenker) - ab 1998 Bedienung per Maus -, Bedientablett Telekom, 6 Farbmonitore für die wahlweise Aufschaltung von 4 erweiteten Bereichsübersichten (Berü) und 18 Lupenbildern, 1 Bildschirm für ausgewählte Telekommunikationsanzeigen, 1 Bildschirm für Kommunikationsanzeige des ESTW (KA) / Gleisbenutzungstabelle (GBT), Dateneingabetastatur für Texteingabe ESTW und Gleisbenutzungstabelle (Zuglenkung), Zugnummerndrucker der Zugnummernmeldeanlage ZNS 801. Weiterhin gab es Arbeitsplätze für Zuglenker und Dateneingeber.
Im grafischen Bedientablett konnte das Bedienkommando aus mehreren Klicks zusammengestellt und durch die Bedienung des "Verarbeiten"-Feldes zur Ausführung an den EKIR weitergeleitet werden. [22]

Foto: Jürgen Krebs

Von den Bedienplätzen der elektronischen Stellwerke können auch dank serienmäßiger, systemgenehmigter Relaisanpassungen Relaisstellwerke über Fernsteuerungen bedient werden.
Die Stellentfernung ist auch beim elektronischen Stellwerk beiderseits auf je 6,5 Kilometer begrenzt, lässt sich aber mit Hilfe von Glasfaserkabeln und mit den Datenübertragungsstrecken (»Datenbus«) praktisch unbegrenzt erweitern. Auch werden Funkwege benutzt.
1993, ehe das elektronische Stellwerk in Eilsleben (b Magdeburg) in Betrieb ging, überzeugten die Fachleute von Siemens den Vorstand Fahrweg der Deutschen Bundes- und der Deutschen Reichsbahn, Peter Münchschwander, davon, dass noch nicht alle Möglichkeiten der Elektronik ausgeschöpft seien. Der Betrieb könne nicht nur auf Knotenpunkten, sondern wegen der räumlichen

Unabhängigkeit der Bedienstelle vom Stellwerk über weite Flächen aus Betriebszentralen geregelt werden. Diese entstanden mit mehr oder weniger großen Bereichen, nicht nur bei der Deutschen Bahn, sondern auch in anderen Verkehrsunternehmen, wenn sie nicht wie bei Werkbahnen bereits vorhanden waren. Die erste von einst 17 geplanten Betriebszentralen wurde für die Strecke zwischen Werder (Havel) (ausschließlich) und Biederitz (ausschließlich) mit Sitz in Magdeburg ab 16. November 1995 schrittweise in Betrieb genommen. Im September 2002 kamen die Arbeitsplätze in die größere Betriebszentrale Leipzig.

Für das Kernnetz der Deutschen Bahn wurden am Sitz der Niederlassungen von DB-Netze sieben Betriebszentralen geschaffen und in Frankfurt (Main) die Netzleitzentrale.[2] Diese Betriebszentralen sind aber keine Stellwerke. Damit wurde ein Zustand erreicht, dass der Zugverkehr (zumindest im Kernnetz) an einem Ort gesteuert, überwacht und disponiert wird. Inzwischen geht man wieder einen Schritt zurück. Eine neue Betriebssteuerstrategie von 2017 sieht eine Anpassung an Rahmenbedingungen und gesammelten Erfahrungen vor. Durch die Auflösung der Regionalnetze und der Entwicklung der DSTW-Technik wären zu den sieben "Mega-Standorten" weit über 100 Kleinstandorte entstanden. Beides wirkt sich nachteilig aus. Optimal sind regionale Steuerzentralen mit 6 bis 20 Arbeitsplätzen. So wurden im Kernnetz 97 Standorte mit einer ausgeglichenen Größe bestimmt, die neben den Steuerzentralen auch die Technikstandorte beinhalten. Hinzu kommen 28 regionale Bedienzentralen im Bereich der früheren Regionalnetze. Durch Umstrukturierungen beim Infrastrukturbetreiber DB InfraGO ist vieles im Fluss.

Die Automatisierung der Zugsteuerung ist mit Hilfe der Zuglenkung weit fortgeschritten. Im Zuglenkplan wird über die Gleisbenutzungstabelle der komplette Fahrweg jedes Zuges durch den Zuglenkbereich beschrieben. Der beste Zeitpunkt zum Einstellen der Zugstraße kann zug- oder fahrstraßenorientiert sein, um das »Zufahren« eines Bahnhofskopfes zu verhindern. Bahnt sich im Fahrstraßenvorlauf eine Konfliktsituation an, so erkennt das die Vorprüfung und zeigt das dem Bediener an.

2 Hinzu kommt die Betriebszentrale für die S-Bahn Berlin im Stadtteil Halensee.

Nachdem die Deutsche Bahn von 2000 an ihr Streckennetz in das Fern- und Ballungsnetz (auch Kernnetz genannt) sowie Regionalnetze gliederte, um Investitionen zu sparen, wurden auch die Anforderungen an die elektronische Stellwerke geringer, wenn sie nur Anlagen im Regionalnetz bedienen. Diese Stellwerke wurden mehrheitlich nicht an die Betriebszentralen angeschlossen. Sie bildeten bis 2020 Dispositions- und Steuerzentralen in den jeweiligen Regionalnetzen.

Nun konnten auch andere Hersteller als Siemens und SEL / Thales der Deutschen Bahn einfachere elektronische Stellwerke anbieten. Für die Betriebszentralen waren bisher nur die Bauformen El B (EBI LOCK 950), El L und El S (SIMIS) geeignet.

Aufbau der Stellwerke

Die Elemente in der Außeneinheit ESTW-A (= Abgesetzter Teil des Stellwerks) übernehmen das Umstellen der Signale Weichen, Gleissperren usw., die Gleisfreimeldung und die Fahrstraßensicherung. Insgesamt werden von einem Stellwerk etwa 1000 Stelleinheiten beherrscht.

Die ESTW-A sind mehr oder weniger autark, so dass, sofern die Übertragung der Meldungen zur Zentrale unterbrochen sein sollte, die eingestellten Fahrstraßen trotzdem gesichert bleiben.

Über Datenbusse sind die Bereichsstellrechner in den ESTW-A angeschlossen und diese an den Zentralrechner im ESTW-Z. Mit neuen Hardware-Komponenten am Ort des ESTW-Z wurde die Zentrale für den Anschluss an die Betriebszentrale eingerichtet (»hochgerüstet«), indem sie eine Zugnummernanlage und einen Zuglenkrechner erhielten. In den Zuglenkrechner wird automatisch ein Zuglenkplan heruntergeladen, in dem alle Zugbewegungen gespeichert sind. Der Zuglenkrechner stellte selbsttätig die Fahrstraße ein, so dass im Regelfall auch keine Bedienung des Stellwerks notwendig ist. Bei der Deutschen Bahn wird das an die Betriebszentrale angeschlossene Stellwerk als ESTW-UZ (= Unterzentrale) bezeichnet. Es ist im Regelbetrieb planmäßig unbesetzt, kann aber im Störungsfall über einen Notbedienplatzes bedient werden. Dabei handelt es sich um einen - aber auch nur einen - vollwertigen ESTW-Bedienplatz in der Unterzentrale. Die Ausstattung

ist nicht ganz so komfortabel wie in der Betriebszentrale.
Man kann den Aufbau der elektronischen Stellwerke auch umgekehrt beschreiben:
Aus der Betriebszentrale gehen die Steuerbefehle an die Unterzentrale. Von ihr oder vom Zentralstellwerk (ESTW-Z) werden Steuerbefehle als Datentelegrammen zu den Bereichsrechnern im ESTW-A übertragen. Diese veranlassen dann das Umstellen, die Sicherung der Außenanlage und das Auffahrtstellen der Hauptsignale.
Stellwerke für die früheren Regionalnetze und der DB RegioNetz Infrastruktur GmbH werden in der Regel nicht aus den Betriebszentralen gesteuert. Dazu gehören solche ESTW-Z wie Rhein-Hessen-Weinstaße in Neustadt (Weinstraße), Harz-Weser in Göttingen, Halberstadt, Küstrin-Kietz (Ostbahn). Aber auch an Fernstrecken wurden nicht alle ESTW-Bedienplätze in die Betriebszentralen integriert. Dazu gehören z. B. die ESTW-Z in Lübbenau (Spreewald). Eisenach, Leinefelde, Salzwedel.
Andere ESTW-Z wie Eilsleben (b Magdeburg), Lutherstadt Wittenberg und Bitterfeld wurden für eine Steuerung aus der Betriebszentrale hochgerüstet.

Vor- und Nachteile

Wo Licht ist, ist meist auch viel Schatten. Die elektronischen und digitalen Stellwerke sind dank ihrer Möglichkeit, über weite Entfernungen den Betriebsablauf zu steuern, ein hervorragendes Rationalisierungsmittel. Die Bedienung der Stellwerke, die automatische Zuglenkung und die Überwachung des Eisenbahnbetriebes können konzentriert werden, wie es in den sieben Betriebszentralen der Fall ist.
Nachteilig ist, dass wegen der zahlreichen Verbraucher von Elektroenergie eine absolut unterbrechungsfrei arbeitende Stromversorgungsanlage zur Verfügung stehen muss. Für die Zuglenkung insbesondere für das Verkehren von Sonderzügen oder kurzfristig vereinbarten Zügen anderer Eisenbahnunternehmen ist der Aufwand für das Programmieren der Zuglenkung zu kalkulieren.
Die Software veraltet schnell; auch hinsichtlich der Hardware rechnet man mit einem erreichbaren Alter der Stellwerke von 30 Jahren (mechanische Stellwerke brachten es auf 100 Jahre). Der Austausch der Hard- und Software führt zu weiteren Kosten, die Änderung oder Erweiterung der Stellwerksanlage ebenfalls. Oft müssen dazu ganze Bahnhofsanlagen zwischenzeitlich stillgelegt werden. Auch Störungen im Rechner und an der Außenanlage, außerdem Blitzschlag oder Kabeldiebstahl können den Zugverkehr erheblich behindern.

	Technische Nutzungsdauer (in Jahren	
Modul	**RSTW**	**ESTW**
Bediensystem	25	10
Innenanlage	40	20
Außenanlage	50	50

Tabelle: Technische Nutzungsdauer von Relaisstellwerken und ESTW nach Signal + Draht (105) 6/2013

Hinzu kommt die Verschlechterung der Dienstleistung, wenn wegen dieser Stellwerke auf Bahnhöfen und ganzen Strecken dem Reisenden kein Personal als Ansprechpartner zur Verfügung steht. Nicht technisch bedingt, aber betriebswirtschaftlich ausgenutzt wird die Umstellung auf die elektronischen Stellwerke, indem die Bahnanlagen radikal vereinfacht, ganze Bahnhofsteile wie die des Rangier- und örtlichen Güterverkehrs nicht in das Stellwerk einbezogen werden. Diese Einsparungen rächen sich im Störungsfall und behindern die Zunahme des Schienenverkehrs.

Bauform El B (MCDS, EBI LOCK 500 / 850 / 950)

Das erste elektronische Stellwerk der Welt wurde von der schwedischen Firma Ericsson Signal gebaut und 1978 in Göteborg in Betrieb genommen. Ericsson Signal kam zur Firmengruppe ABB Signal (ABB), danach schlossen sich ABB und Daimler Transporttechnik zu Adtranz zusammen. Adtranz Transportation wiederum ging im kanadischen Konzern Bombardier auf.

MCDS ist ein älterer Begriff für ein elektronisches Stellwerk (ESTW), das heute als Bombardier EBI LOCK 500 bekannt ist.
Mit dem Microcomputergesteuerten Dezentralen Steuerungssystem (MCDS) lassen sich elektronische Stellwerke betreiben. Entwickelt wurde es von der Ingenieurgesellschaft für Innovation und Technologieführung im Verkehrswesen (IVV) in Braunschweig für die Steuerung von Bahnanlagen kleineren und mittleren Umfangs.
Die erste Anlage wurde 1989 bei der Eisenbahn und Häfen GmbH in Duisburg in Betrieb genommen. 1992 ging im Personennahverkehr bei der Albtalbahn-Verkehrsgesellschaft ein MDCS für die Strecke Busenbach—Bad Herrenalb in Betrieb. Das erste Stellwerk der Bauform EBI LOCK 500 DB wurde am 25. Juni 2006 in Oberkirch in Betrieb genommen.
In den ersten MCDS- / EBI LOCK-Stellwerken wurden für den Sicherheitsvergleich noch Relais verwendet, in der Bauform EBI LOCK 850 sind alle Funktionen elektronisch. Der Typ 850 war für die meisten Zwecke überdimensioniert; er wurde zum Typ 950 mit geringerer Kapazität weiterentwickelt.
Derartige Stellwerke beschränken sich auf Werkbahnen, Straßenbahnen sowie seit 2002 auf Regional- und Stadtbahnen. Seit 2011 ist es auch möglich eine ESTW-UZ der Bauform EBI LOCK 950 aus einer Betriebszentrale fernzusteuern. Das betraf die UZ Kreiensen in der BZ Hannover.
Verwendet wurde das 2-v-2-Rechnersystem. Eine Verfügbarkeitsredundanz war nicht vorgesehen. Die Datenübertragung wird ähnlich der Bauform El S gesichert, und die gesendeten Telegramme werden im Zielrechner auf Übereinstimmung geprüft.
Die Zentrale besteht aus dem Datenkonzentrator sowie einem handelsüblichen Personalcomputer mit Monitor, Tastatur und Drucker für die Bedienung und Anzeige. Die Rechner sind durch ein serielles, zweikanaliges Bussystem verbunden.
Die Sicherheitsverantwortung für die Steuerung von Weichen übernimmt die Weichensteuerung MC EOW (= Microcomputergesteuerte, elektrisch ortsbedienbare Weiche). Eine komplette Steuerungseinheit MC EOW kann zwei Weichen steuern und die Gleisbesetztmeldung überwachen. Lichtsignale werden durch eine Signalsteuerung

Bedienplatz eines MCDS / EBI LOCK 500 im Stellwerk Peitz Ost »B 2« der LEAG. Von dort aus wird die Anschlussbahn Peitz Ost mit den Übergabebahnhof zur DB und Zufahrten zum Kraftwerk Jänschwalde gesteuert. Es befindet sich in einem Gemeinschaftsgebäude mit Stellwerk »B 1« der DB InfraGO. *Foto: Slg. Krebs*

überwacht, die am Signalmast montiert oder zusammen mit den anderen Rechnern im Schalthaus untergebracht ist. Die Gleisfreimeldeeinrichtung kommt von einem Gleisstromkreis. Die Frei-/Besetztmeldung wird vom jeweils übergeordneten Rechner ausgewertet.
Auf Bahnen mit einfachem Betriebsablauf kann der Selbststellbetrieb programmiert werden, so dass auf die Besetzung der zentralen Bedienstelle verzichtet werden kann.

Bauform El BBR

Bei dieser Bauform handelt es sich um elektronische Stellwerke der Firma BBR (Baudis, Bergmann, Rösch Verkehrstechnik GmbH) aus Braunschweig. Die Firma wurde 1990 gegründet und stellte anfänglich nur Einzelweichensteuerungen, Betriebshofsteuerungen und Fahrsignalanlagen für Stadt- und Industriebahnen her. Seit 2002 werden auch ESTW produziert. Als erstes Stellwerk dieser Bauform ging 2002 in Stollberg (Sachs) bei der Regio Infra Service Sachsen GmbH ein Stellwerk vom Typ SIL.VIA für die Strecke Stollberg (Sachs)—Altchemitz in Betrieb. Die Strecke ist Bestandteil des Chemnitzer Modells und heute an die City-Bahn Chemnitz GmbH verpachtet.
Die Bauform El BBR wird in zwei Typen unterschieden: SIGMA und SIL.VIA. Beide kommen vorrangig im Bereich von Straßenbahnen, Stadtbahnen und Zahnradbahnen in Deutschland und der Schweiz zum Einsatz. Beispiele sind die Bahnen des JadeWeserPorts bei Wilhelmshaven (2012) und des Volkswagenwerks in Wolfsburg (2008 / 2014). Bei den nichtbundeseigenen Eisenbahnen wurde 2014/15 die Ammertalbahn mit BBR-ESTWs ausgestattet.
Zum 1.1.2022 wurde die Firma BBR durch die schweizerische Stadler-Gruppe übernommen.

Bauform El F (ALISTER)

Die Funkwerk AG mit Hauptsitz im thüringischen Kölleda kam zu dem ESTW auf SPS-Basis durch Kauf der Fa. Vossloh Signalling in Kiel (heute SchuB Systemtechnik). Auf der Innotrans 2006 wurde das Muster des Vossloh-Stellwerks gezeigt.
Die vormaligen Eigentümer Philips , Deutsche System Technik, Vossloh Sytem Technik produzierten am Standort Kiel für den Bahnbereich Leitsystem und Stellwerkssimulationen
Die Firma Funkwerk Information Technologies in Kiel baute ihr erstes Stellwerk für den Bahnhof Lindaunis (Strecke Kiel–Flensburg), das dem Profil der ESTW-Regional der Deutschen Bahn entsprach. Das Stellwerk sollte aus Eckernförde bedient werden. Es sollte 2010 in Betrieb gehen, wegen Zulassungsproblemen verzögerte sich der Termin bis 2012. Letztendlich scheiterte das Projekt. Seit 2014 arbeitet dort ein ESTW der Bauform El S&B (ZSB 2000). Das Projekt scheiterte nicht zuletzt durch den Firmenübergang auf Scheidt & Bachmann.

Bauform El L (ESTW L90)

Parallel zur Firma Siemens entwickelte die deutsche Signalbaufirma ALCATEL SEL (ehemals Lorenz-Electric, inzwischen Thales) ebenfalls ein elektronisches Stellwerk, das analog der folgend beschriebenen Bauform El S von Siemens als Bauform El L bezeichnet wird. Dessen Eigenheit ist die stete Nutzung handelsüblicher Hardware sowohl bei Rechnern als auch bei den Komponenten zur Datenübertragung.
Ursprünglich sollte, um die Instandhaltung zu vereinfachen, das von Siemens entwickelte Konzept SIMIS (= »**Si**cheres **Mi**krocomputer-System von **S**iemens«) verwendet werden. Dann verwendete aber SEL doch noch einen eigenen Sicherheitsbaustein, der SELMIS genannt wurde.
Die Sicherheit von SELMIS beruht darauf, dass voneinander unabhängige parallele Rechnerkanäle mehrfach verwendet und die Eingabe-, Prüf-, Zwischen- und Ausgabedaten mit Hilfe der Software in den Rechnerkanälen verglichen werden.
SEL verwendet vorrangig die 2-v-3-Konfiguration, wie bei der Linienzugbeeinflussung verwendet, nur mit einer neuen Rechnergeneration. Zwei Rechnerkanäle wechseln sich in der Ausgabe von Daten zyklisch ab, während der dritte Kanal als heiße Reserve mitläuft. Auf ihn wird im Störungsfall unmittelbar und ohne Betriebsbehinderung automatisch umgeschaltet. Im Betrieb ständig verdeckt mitlaufende Prüfprogramme stellen sicher, dass Ausfälle nicht nur schnell entdeckt, sondern auch Hinweise gegeben werden, wie Fehler beseitigt werden können.

In diesem Containerbau ist das ESTW-Z der Bauform El L(L90) von Geithain mit drei örtlich zuständigen Fahdienstleitern untergebracht (2012). Es ging am 13. Juli 2003 in der ersten Ausbaustufe mit dem Bahnhof Geithain in Betrieb. Seit 11. November 2004 werden von hier aus die ESTW-A Leipzig-Liebertwolkwitz, Belgershain, Bad Lausick gesteuert. Am 1. Dezember 2005 kamen die ESTW-A Narsdorf, Cossen, Burgstädt und Wittgensdorf oberer Bahnhof und am 26. September 2010 Frohburg hinzu. Weiterhin wurden ab 2010 die abseits der Strecke gelegenen ESTW-A der Muldentalbahn integriert. Das betraf die ESTW-A in Großbothen und Leisnig am 2. Mai 2010, Grimma ob Bf und Großsteinberg am 28. Juli 2012, Naunhof am 20. November 2013 und Beucha am 20. Juni 2015. *Foto: Erich Preuß*

Dass die Bedienoberfläche (von SEL »BO L 900« genannt) weitgehend der von Siemens entsprach, verlangte die Deutsche Bahn in den Pflichtenheften für Elektronische Stellwerke. Die Bedienplätze von SEL / Alcatel / Thales, Siemens und Bombadier unterscheiden sich in der Geräteausstattung nicht wesentlich voneinander. Größere Unterschiede traten mit der Einführung der Integrierten Sicheren Anzeige (BO L ISA) und den Kernsystemen auf. (siehe Systemaufbau im Kasten auf den folgenden Seiten)

Um den Informationsinhalt mehrerer Lupenbilder oder der Bereichsübersicht auch einem größeren Kreis (Disponent, Fahrdienstleiter, Zugansager) zur Kenntnis zu bringen, könnte die Video-Projektion als Ersatz der im Relaisstellwerk bekannten Meldetafel verwendet werden. Anders als in Betriebszentralen ausländischer Bahnen setzt die Deutsche Bahn ausschließlich Monitore zur Meldungsausgabe ein. Auch andere deutsche Bahnunternehmen verwenden die Video-Projektion nicht.

Bauform El L C / Regio

Das "compact"-Stellwerk ist für Strecken mit schwachem Verkehr gedacht, angepasst an die Version der Bauform El L. An die Zentrale können bis zu 16 Element-Ansteuermodule oder bis zu 800 Anschalteinheiten über Kupferleitungen oder Lichtwellenleiter angeschlossen werden.

Systemaufbau und Rechner im ESTW L90 von ALCATEL / THALES (BO L ISA)

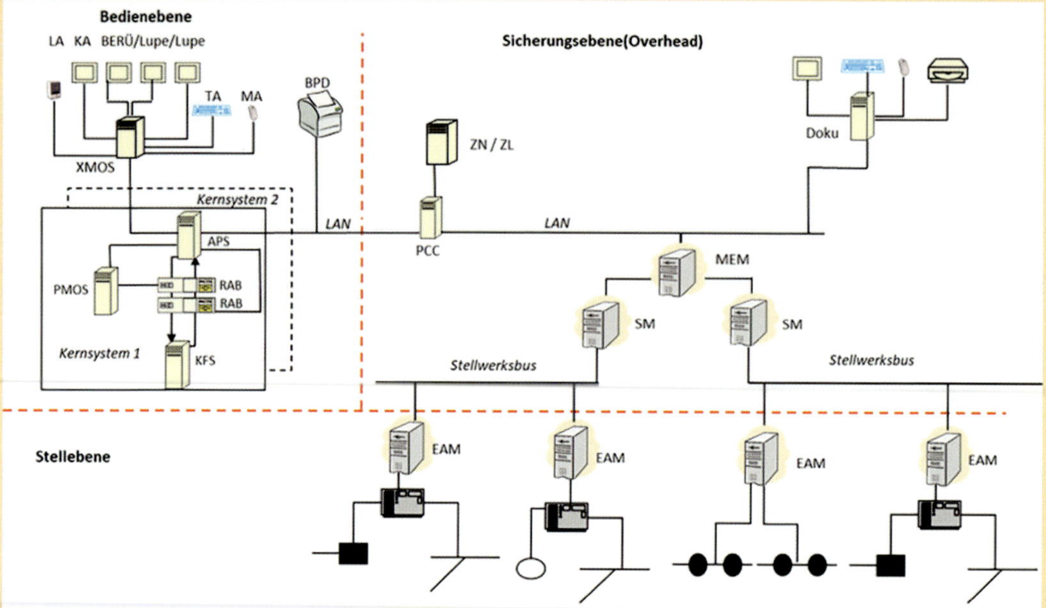

Melde- und Eingabe-Modul (MEM)
Zentraler Rechner in einem ESTW L90
Arbeitet nach 2-aus-3-Philosophie
Bindeglied zwischen Bedienplatz- und Sicherungsebene
Aufgaben:

- Empfang der Daten aus der Eingabeebene
- Plausibilitäts- und Syntaxprüfung
- Ausgabe von Meldungen an Bedien- und Diagnoseebene
- Weitergabe der Stellbefehle an Sicherungsebene (Stellbefehle lt. Befehlskatalog)

Sicherungsmodul (SM)
Bindeglied zwischen MEM und EAM
Arbeitet nach 2-aus-3-Philosophie
Aufgaben:

- Verfügbarkeitsprüfung von Fahrstraßenelementen (Frei oder für andere Fahrt benutzt?)
- Sichern und überwachen der Fahrstraßenelemente (z.B. Verschlüsse)
- Reaktion auf Zustandsänderungen der Fahrstraßenelemente (z.B. Signal erlischt – vorgelegenes Signal mit Stellsperre versehen)
- Ausgabe von Stellkommandos an die Stellebene

Element-Ansteuer-Modul (EAM)
»Stellwerk vor Ort«
Kann als ausgelagerter Rechner auch außerhalb der ESTW-Zentrale eingesetzt sein (ESTW-A)
Arbeitet nach 2-aus-3-Philosophie
Bestandteile:

- Ein- und Ausgabeschrank (E/A) zur Ansteuerung der Fahrwegelemente
- Element-Steuerung und –Überwachung (ESU) zur Ansteuerung der Ks-Signale

Aufgaben:

- Empfangen der Kommandotelegramme und deren Umsetzung in Stellkommandos
- Senden der Meldetelegramme an SM
- Überwachung der Stromversorgung

X-MOS
Einfacher Rechner am Arbeitsplatz des Fahrdienstleiters
Bedient die verfahrensgesicherten Monitore (Berü / Lupe)
Überträgt Anzeigetelegramme vom APS um Bilder anzuzeigen und die sichereren Elementanzeigezustände bei KF-Bedienungen
Bei Ausfällen (z.B. fehlende Rückmeldung der Bildaufschaltung an APS) meldet APS 2 Monitore als »nicht sicher« an MEM. Der Sicherheitsmelder (im Monitorbild links unten) wechselt in rote Ausleuchtung.
Überwacht und steuert aber auch alle nicht sicheren Anzeigen Ihres Arbeitsplatzes (Dialogmanager, Historie, integrierte Bedienerführung u.a.).

Kommando-Freigabe-Server (KFS)
Steuert KF-Bedienungen. Einfacher Rechner im Rechnerraum. Arbeitet nach PIN-TAN-Verfahren.
KFS bekommt bei KF1-Bedienung eine PIN und muss eine gültige TAN zurückgeben.

Dokumentationsrechner
Einfacher Rechner, der alle für die Dokumentation relevanten Meldungen erhält. Diese muss er mit einer gültigen TAN quittieren. Die Daten werden sofort in einer Datenbank abgelegt. Dort bleiben sie über die Historie für den Fdl bis zur Archivierung erhalten. Erst wenn die Fachkraft LST diese Daten auf einer CD gesichert hat, stehen die so gesicherten Daten am Arbeitsplatz nicht mehr zur Verfügung. Die Sicherung erfolgt regelmäßig (z.B. monatlich)

Prüf-Monitorserver (Prüf-MOS)
Einfacher Rechner der ständig Informationen mit dem APS austauscht. Z. Zt. sind etwa 17 000 Beanspruchungen in der ISA bekannt (z.B. Weiche rechts überwacht, links überwacht, ...)
Diese Beanspruchungen müssen spätestens innerhalb 8 Stunden durchlaufen sein (bei ISA-Neustart konzentriert in ca. 10 Minuten)
Dabei schicken APS sich und Prüf-MOS überwiegend richtige Telegramme zu, die dann auch als richtig vom Partner quittiert werden. In einem Zyklus schicken sie sich jedoch auch verfälschte Telegramme zu, die als falsch quittiert werden müssen.

Arbeitsplatzserver (APS)
Erhält Meldebildtelegramm vom MEM zur Weitergabe an X-MOS (Anzeige am Arbeitsplatz) und sendet die Eingaben und Bedienungen des Fdl an alle bzw. ausgewählte Rechner.
Ist als einfacher Rechner in UZ zweimal vorhanden.

Integrierte Sichere Anzeige (BO L ISA)
Die Bedienoberfläche L ISA besteht aus den Bedien- und Anzeigekomponenten (Dialogmanager, Berü- und Lupenbilder) und dem Kernsystem. Der vorhandene Schlüsselschalter für die Umschaltansteuerung (SSU) ermöglicht eine Umschaltung zwischen den beiden vorhandenen Kernsystemen.
Aufgaben:

- Berü- und Lupenbilder auf dem gleichen Monitor darstellbar
- Ggf. mehrere ESTW L 90 (auch EL S bzw RSTW) von einem Bedienplatz aus anzusteuern
- Aufbau von Schnittstellen zu »fremden Diensten«

Die Komponenten des Kernsystems gewährleisten die »sichere Anzeige«:

- Arbeitsplatzserver (APS)
- Prüf-Monitorserver (Prüf-MOS)
- Abschalteinrichtung (ABS)

Mit der ABS kann einer der beiden Meldebildkanäle zwischen ISA uns Bedienplatz abgeschaltet werden (z.B. bei Ausfall von APS oder Prüf-MOS). Es werden alle Sicherheitsmelder »rot« dargestellt und KF-Bedienungen vom MEM unterbunden. Abschaltung kann nur von Fachkraft LST behoben werden.
Aus Sicherheitsgründen erfolgt die Ansteuerung der Meldebilder vom MEM zweikanalig. Bei Ausfall eines Kanals wird das Bild noch angezeigt. Alle Sicherheitsmelder werden rot. Fallen beide Kanäle aus, bleibt das Lebenszeichen stehen und alle Meldebilder blinken rot. Außerdem werden Sammelmelder und Zählwerke nicht mehr dargestellt. - (2018)

Fahrdienstleiterarbeitsplatz im ESTW-Z Küstrin-Kietz während der Abnahmeprüfungen der 4. Ausbaustufe am 15.12.2011. Abgebildet sind Integrierte Bedienerführung mit der Kommunikationsanzeige (links oben), drei signaltechnisch sichere Lupenbilder - Müncheberg und Rehfelde (oben) sowie Werbig (links unten). In den Lupenbildern können Einzelbedienungen und zähl- und freigabepflichtige Hilfsbedienungen vorgenommen werden. Auf den Monitoren unten in der Mitte und rechts sind die beiden Bereichsübersichten für den Regelbetrieb aufgeschaltet. *Foto: DB/Kranert*

Bauform El S (SIMIS)

Die Bezeichnung El S steht für elektronische Stellwerke der Bauform Siemens, deren bekannteste Form intern auch »ESTW SIMIS« genannt wird. Die Wortschöpfung SIMIS® geht aus »**Si**cheres **Mi**krocomputersystem von **S**iemens« hervor. Der folgende Buchstabe bezeichnet die Entwicklungsstufen der Sicherheitsrechner, die jeweils folgenden sind u. a. schneller und besitzen eine größere Kapazität.

Zu dieser Entwicklung tragen die Bahnverwaltungen mit ihren Wünschen nach wirtschaftlicheren, vor allem billigeren Stellwerken mit geringerem Raumbedarf und Kabelaufwand zu dieser Entwicklung bei.

Die Hardwarekomponenten und die Software wurden nach dem Logikmodell des Spurplanprinzips entwickelt. SIMIS-Stellwerke arbeiten nach dem Bereichsrechnerprinzip, wobei diese im Rahmen der Weiterentwicklung mit den Stellrechnern kombiniert wurden.

SIMIS-Stellwerke gab bzw. gibt es in den Entwicklungsstufen bzw. Varianten SIMIS A, SIMIS B, SIMIS C, SIMIS C Net und SIMIS D. Die Bauarten SIMIS A (Eisenbahn und Häfen Duisburg (1983)) und SIMIS B (Murnau (1988), Detmold (1989), Springe (1989), Overath (1990) und Essen-Kupferdreh (1991)) waren Prototypen.

Das erste Stellwerk der Folgebauart SIMIS C ging 1989 im schweizerischen Chiasso in Betrieb.

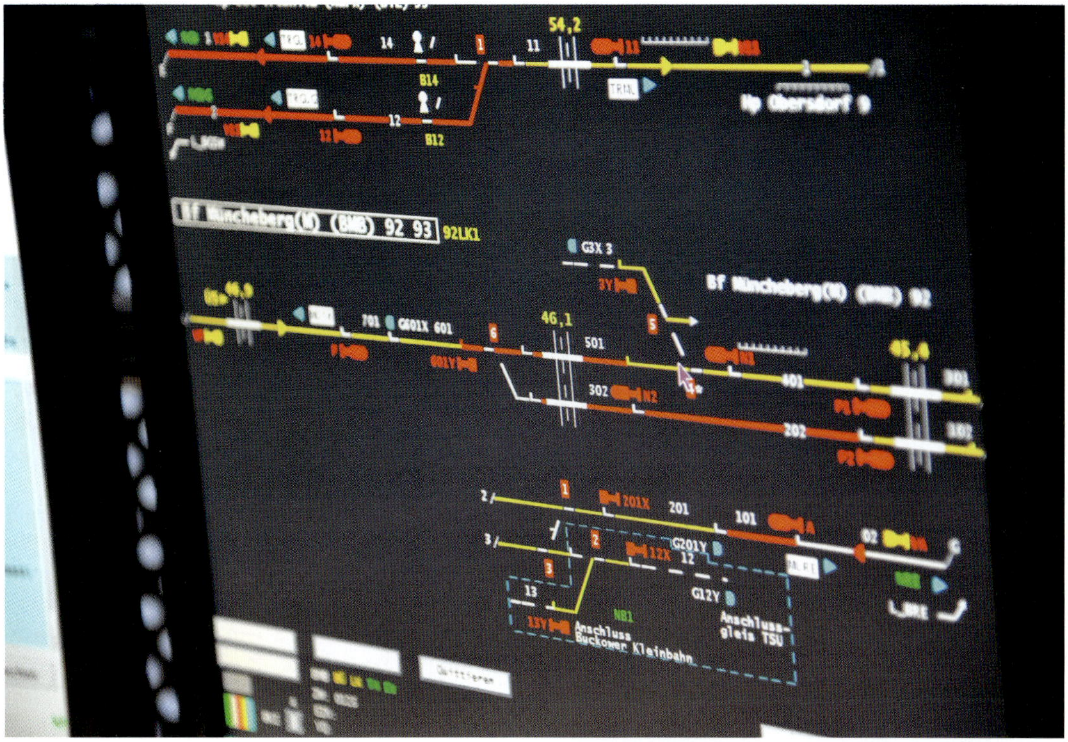

Dieses Lupenbild im ESTW-Z in Küstrin-Kietz zeigt den Bereich des ESTW-A Müncheberg (M) - wegen der Stellentfernungen in Obersdorf - (SIMIS D) mit dem Bahnhof Müncheberg (Mark) und der Überleitstelle Trebnitz (Mark) während der Abnahmeprüfungen. *Foto: DB/Kranert*

SIMIS C Rechner (2von3-System) im ESTW-Z Küstrin-Kietz während der Abnahme der 1. Ausbaustufe im Oktober 2006. (rechts) *Foto: Jürgen Krebs*

SIMIS C

Nach den Stellwerken des Prototyps SIMIS B stellte SIMIS C die erste Serienbauform eines Siemens-ESTW dar. Es wurde in Deutschland ab 1991 gebaut. Ab 2007 wurde bei Neubauten zunehmend der Nachfolgetyp SIMIS D gebaut, so dass das letzte SIMIS C im Mai 2012 in Emmerich in Betrieb genommen wurde.

Die nachstehenden Ausführungen beziehen sich auf die, in großer Stückzahl gebauten SIMIS C der Typen 8 und 9. Diese Stellwerke sind in der Lage, Sicherungsanlagen in Stellbereichen unterschiedlicher Größe zu steuern. Die Anzahl der Stelleinheiten hängt von der Größe der Stellwerksanlage ab.

SIMIS C-Stellwerke sind sowohl als ESTW-Z als auch für die Ansteuerung einer Unterzentrale aus einer Betriebszentrale geeignet. Siemens hatte Anfang der 1990er Jahre bei der Deutschen Bahn den Aufbau von Betriebszentralen angeregt. SIMIS C entsprach den höchsten Sicherheitsanforderungen, die eine Bahnverwaltung für elektronische Stellwerke in den 1990er und 2000er Jahren stellte. Die Stellwerksbauform ist auch entsprechend teuer.

Die Grafik auf Seite 120 zeigt den Aufbau des Stellwerks mit dem ab 1995 verwendeten Bedienplatzsystem 901 mit Mausbedienung. Zwischen 1993 und 1995 wurde das Bedienplatzsystem 900 mit Grafiktablett geliefert. Der Arbeitsbereich des Stellwerkes kann in mehrere Bedienbereiche untergliedert werden, die wiederum freizügig den Arbeitsplätzen der örtlich zuständigen Fahrdienstleiter im jeweiligen Steuerbezirk zugeordnet werden können. Entsprechend der Aufgabe und der Verantwortung des Bedieners können die Bedienplätze mit unterschiedlichen Befugnissen ausgestattet sein. Mit der Einrichtung von Betriebszentralen erlangte diese Eigenschaft an Bedeutung, da die Zuständigkeiten dort in Zuglenker und örtlichen Fahrdienstleiter unterteilt waren.

Die Hauptrechner der Sicherungsebene sind beim Typ 8 der BAR 16 (Bedien- und Anzeigerechner (16 Bit)) und der Eingabe-, Kontroll- und Interpretationsrechner (EKIR) bzw. beim Typ 9 der Zentrale Schnittstellen- und Aufrüstrechner (ZeSAR).

Darin sind alle anlagenspezifischen, projektierten Daten gespeichert. Aufgaben sind:

- Aufrüstung der BSTR bei der Inbetriebnahme oder bei Neustart eines Rechners mit den anlagenspezifischen Daten (z. B. Elementadressen, Bereichsaufteilung, Nachbarelementbeziehungen, Elementprogrammfälle)
- Aufrüstung der Achszählrechner bei Inbetriebnahme oder Neustart eines Rechners mit anlagenspezifischen Daten
- Anforderung der Zustandsdaten der Elemente der Außenanlage, deren Verwaltung und Übermittlung an andere Rechner und Aufbereitung der Informationen für die Anzeigen
- Verwaltung des Systems und der Rechneradressen sowie der Weichenlaufkette und der Stromversorgungsmeldungen
- Verarbeitung der Bedieneingaben, Prüfung der Bedienzulässigkeit und Ausführung der Fahrstraßenwahl, Bearbeitung der Bedienkommandos und Weitergabe der Kommandos an die BSTR zur Ausführung
- Bearbeitung Kommando-Freigabe (KF-) pflichtiger Bedienhandlungen
- Annahme von Störungsmeldungen
- Weiterleitung der Störungsmeldungen zum Servicerechner und zum Kommunikationsserver (alle mit dem Kommunikationsserver verbundenen Systeme, z.B. das BPS 901, empfangen die Störungsmeldungen zur Weiterverarbeitung)
- Verwalten von Merkhinweisen

Aus der SIMIS-Rechnerfamilie werden im El S Rechner die Bauarten SIMIS-C (8 Bit, 2-v-2-Konfiguration) und SIMIS 3216 (16 Bit, 2-v-3-Konfiguration) eingesetzt. Diese Rechnersysteme bestehen aus mindestens zwei voneinander unabhängigen, identisch aufgebauten, taktsynchron arbeitenden und identisch programmierten Mikrocomputern. In den Kanälen werden die Prozessdaten parallel verarbeitet. Ein Vergleicher prüft die Steuerwertausgaben. Nur wenn die Ergebnisse mehrheitlich übereinstimmen, werden erarbeitete Befehle ausgegeben. Wenn ein Fehler erkannt wurde, wird das einzelne Rechnersystem abgetrennt, so dass ein zufällig hinzukommender, weiterer Fehler sich nicht gefährlich auswirken kann. Abgeschaltet wird das Stellwerk nur, wenn eine weitere Verarbeitung nicht zulässig ist. Ansonsten wird die Fehlermeldung ausgegeben und eine Software-Sperre für die betreffende Funktion gesetzt.

Dem Bediener stehen in der Regel von 8 Monitoren mindestens 4 zum variablen Aufschalten von Bereichsübersichten und Lupenbildern zur Verfügung. Stehen keine aktuellen Zustandsdaten zur Verfügung blinken die betroffenen Elemente im Bild oder einem Bildteil rot.

Um die geforderte Sicherheit in der Bedienung zu verbürgen, wurde das Kommandofreigabeverfahren entwickelt. Vom Bediener wurde die nochmalige Bestätigung des kritischen Befehls gefordert, die dieser durch das Drücken einer separaten Kommandofreigabe-Taste gab. Durch eine Zeitverzögerung bis zur Annahme der Bedienung dieser Taste wurde erreicht, dass der Bediener sich der

Der Bedienplatz sieht eigentlich wie jeder andere ESTW-Bedienplatz aus, gehörte zum Pilotprojekt des ersten SIMIS D-Stellwerks in Annaberg-Buchholz Süd (2007).

Foto: Reiner Preuß

Tragweite seines Befehls bewusst werden konnte. Beim Bedienplatzsystem 901 gibt es keine Kommandofreigabe-Taste mehr. Die wurde durch zwei Schaltflächen in den entsprechenden Monitorbildern ersetzt. Der Bediener muss nacheinander die Schaltflächen KF 1 und KF 2 anklicken und den Auftrag zur Verarbeitung bestätigen. Verfahrensgesichert wird die Bedienhandlung an das ESTW übertragen. Die Sicherung erfolgt nach dem Prinzip einer »Prüfschleife«. Das beim ESTW angekommene Kommando wird dazu in das BPS 901 zurückgespiegelt und dort mit dem abgeschickten Kommando verglichen. An der Prüfung sind der Bedienplatzrechner und ein Referenzrechner beteiligt

Die von den Stellrechnern eingehenden Meldungen werden in Text konvertiert, in eine Datenbank geschrieben. und in der KA dokumentiert. Dort wird vom Bediener auch die Begründung für die zählpflichtige Handlung eingetragen. Die Daten werden in der DOKU automatisch gespeichert,. Damit sind der Zeitpunkt der Störung, die Störungsinhalte und getätigte Hilfshandlungen dauerhaft dokumentiert.

Zum Ansteuern der Außenanlage steht eine Vielzahl verschiedener Stellteile bereit, zum Beispiel mit Relais, um Einrichtungen für Schlüsselabhängigkeiten und Weichen bedienen zu können sowie für Signalmodule, die die Lampenfäden überwachen. Im Gegensatz zum Stellwerk El L werden für jede Signallampe zwischen Stellwerk und Außenanlage nur zwei Kabeladern benötigt.

El S net / El S Public net

Diese Bauform wurde für regionale Netze mit geringem bis mäßigem Verkehr, Geschwindigkeiten bis zu 160 km/h und mit dem Betriebsverfahren nach der Richtlinie 408 der Deutschen Bahn (Fahrdienstvorschrift) mit Nutzung öffentlicher Übertragungswege, wie die Richtfunktechnik der Telekom entwickelt.[3] Funktional handelt es sich um vollwertige SIMIS-C-Stellwerke.

An eine Zentrale des Stellwerks El S net können bis zu 15 dezentrale El-S-net-Module in werksseitig montierten Betonmodulen angeschlossen werden.

Auf die sonst übliche Redundanz der Bereichsstellrechner wurde bei diesen Stellwerken verzichtet, und die BSTR als 2von2-System ohne Ausfallredundanz betrieben. Die in den BSTR-Gebäuden vorhandene Notstromversorgung aus Batterien beschränkt sich allein auf die Aufrechterhaltung des Rechnerbetriebs für 3 Stunden. Die Außenanlagen (Weichen- und Signalnetz) werden nicht notstromversorgt, wenn keine externe Netzersatzanlage angeschlossen wird.

SIMIS D

SIMIS D ist ein weiterentwickeltes elektronisches Stellwerk von Siemens für die Deutsche Bahn AG. Es ist eine Weiterentwicklung des Typs SIMIS C. Die Ausgangsbasis für die Entwicklung der Rechnerhardware und Software war allerdings nicht SIMIS C, sondern das für den weltweiten Vertrieb entwickelte SIMIS W.

3 Allerdings mit der Gefahr, dass beispielsweise bei Schneesturm auf dem Brocken Stellwerke ausfallen. Eine Recherche bei DB-Netz und beim Eisenbahn-Bundesamt ergab keine Klarheit, ob solche Übertragungswege für die Deutsche Bahn als alleinige Wege zugelassen sind.

Der Typ SIMIS W, der erstmals im August 2004 in La Chaux-de-Fonds (Schweiz) in Betrieb genommen wurde, ist aber nicht für den deutschen Markt bestimmt. Er kann bis zu 1000 Stelleinheiten steuern. Die Software wird für den Einsatz in Deutschland so parametriert, dass sich das Stellwerk auf den nach außen geführten Schnittstellen wie ein SIMIS C verhält.

Das Pilotprojekt SIMIS D wurde am 5. November 2005 in Annaberg-Buchholz Süd in Betrieb gesetzt. Danach folgten die Stellwerke im Harz-Weser-Netz im Weserbergland mit den Strecken Göttingen—Bodenfelde, Northeim—Ottbergen und Kreiensen—Altenbeken. Die Zentrale steht auf dem Bahnhof Göttingen. In Coesfeld wurde am 30. Januar 2012 die dritte Baustufe beendet. Dort ist neben der Bauform SIMIS D für eine Strecke wie in der regionalen Bedienzentrale Göttingen ein elektronisches Stellwerk der Bauform ZSB 2000 in Betrieb. In Springe ersetzte das an die Betriebszentrale Hannover angeschlossene elektronische Stellwerk der Bauform SIMIS D 2008 das Stellwerk der Bauform SIMIS B.

Kernelement der Stellwerksplattform SIMIS D ist ein neues Hardwarekonzept. Sowohl Hardware als auch Software sind modular aufgebaut. Als Hardware kommen dabei COTS-Komponenten (Commercial off-the-shelf) zum Einsatz. Die Schnittstellen wurden standardisiert und die Stellteile integriert und dezentralisiert.

SIMIS D weist viele Gemeinsamkeiten mit SIMIS C auf:

- Sicherheit durch das bewährte SIMIS-Prinzip
- Infrastruktur (z. B. Gebäude, Stromversorgung usw.)
- Stellteile (außer für Weichen und Signale)
- Bedienung des Stellwerks / Funktionen des Stellwerks
- Stellwerksbus (IL-Bus = EStw-Bus)

Wesentliche Unterschiede zur Bauform SIMIS C:

- Neue Rechnerhardware mit zentralen Schnittstellen-, Aufrüst- und Steuerrechner (IIC/OMC), Bereichsrechner (ACC) mit integrierten Stellteilen für Weichen und Signale und integrierten Steuerbaugruppen für Relaisschnittstellen
- Neue Software
- Zulassung nach CENELEC

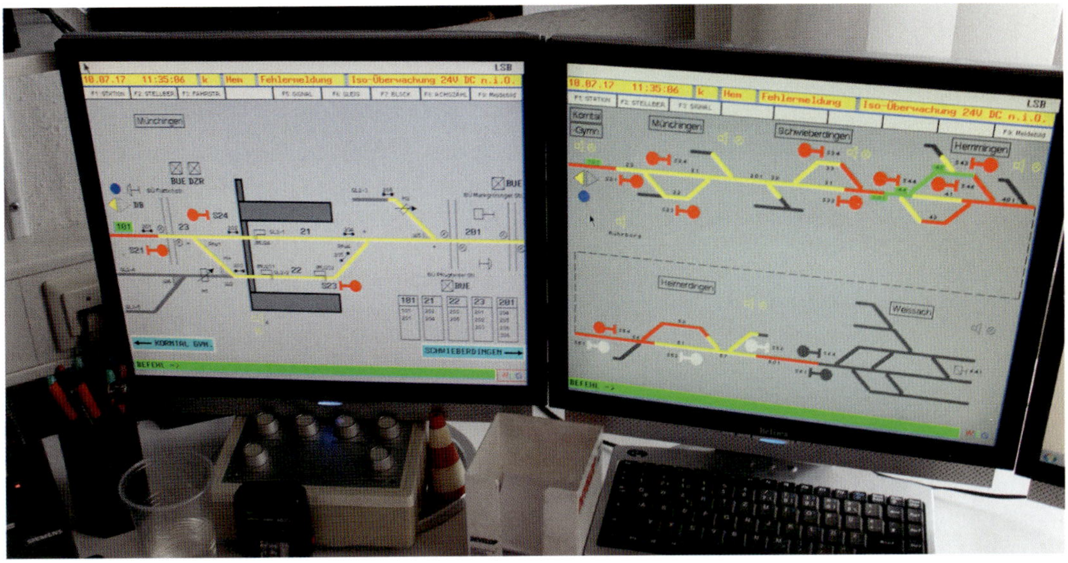

Monitorbilder zweier SICAS S5-Stellwerke: ZSB Zweckverband Strohgäubahn in Hemmingen (1996 - 2017) mit aufgeschaltetem Lupenbild Bahnhof Münchingen und Bereichsübersicht der Strecke Korntal—Weissach. Die Strecke wurde im Zugleitbetrieb betrieben. (oben)
Lupenbild im Bedienplatzsystems VICOS OC 111 des ESTW Oberkaufungen am zentralen Bedienplatz in Kassel-Wilhelmshöhe Betriebsleitstelle der KVG / RBK (seit 2001). Die Strecke Papierfabrik—Hessisch Lichtenau kann mit EBO-, BOStrab- und RegioTram-Zweisystemfahrzeugen im Mischbetrieb befahren werden. (unten)

Fotos: Jürgen Krebs

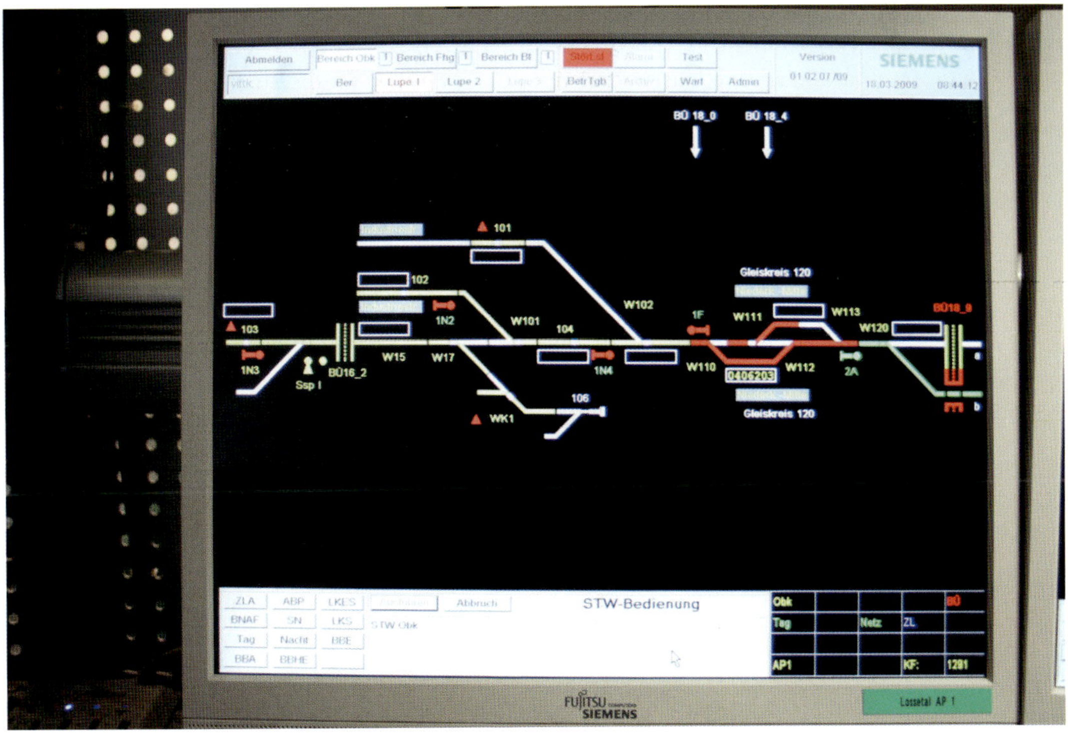

Bauform El S (SICAS)

SICAS ist der Kunstname für »**SI**EMENS **C**omputer **A**ided **S**ignalling«), für eine Entwicklung für Lokal-, Stadt- und Industriebahnen. Diese Bahnen benötigen preiswerte und leicht anzupassende Rechner für ihre Betriebsführung, für die die Bauform El S nicht geschaffen ist.

Es gab zwei Entwicklungsrichtungen, die außer dem Namen SICAS und der Anwendung im Bereich von lokalen nichtbundeseigenen Bahnen nicht viel gemein hatten.

Die ältere Entwicklungslinie verwendet als Stellwerksrechner modulare speicherprogrammierbare Industriesteuerungen (SPS, PLC) der Typenreihe SIMATIC:

- SICAS S5 (mit SIMATIC S5-95F oder 115F und Hutschienen-Stellteilen)
- SICAS S7 (mit SIMATIC S7 und Hutschienen-Stellteilen)
- SICAS S7 ECC (mit SIMATIC S7 und ECC-Stellteilsystemen)

Damit kam erstmalig standardisierte Industrieelektronik in der Eisenbahnsicherungstechnik zum Einsatz.

Die ersten Stellwerke der Bauform SICAS S5 wurden 1995 bei der Dortmunder Eisenbahn und auf dem ESSO-Werkbahnhof in Ingolstadt in Betrieb genommen. Die Bedienung erfolgte noch über Bedientische der Spurplantechnik. Das erste Stellwerk der Bauform SICAS S7 entstand 2006 an der Kaiserstuhlbahn.

Eine zweite (neuere) Entwicklungslinie verwendete ursprünglich sowohl beim Stellwerksrechner als auch den Stellteilen das SIMIS-Prinzip:

- SICAS 3216 ESTT mit Stellteilen auf Basis sicherer SIMIS-Doppelrechner
- SICAS 3216 DSTT mit dezentralen Stellteilsystemen
- SICAS ECC mit diversitärem PC-Basissystem und ECC-Stellteilen (ähnlich SIMIS-D und SICAS S7 ECC)

SICAS-Stellwerke (S5, S7, 3216) sind bei vielen Bahnen zu finden. Neben U-Bahnen, Straßenbahnen und Industriebahnen gehör(t)en dazu u. a. AKN Eisenbahn, AVG Albtal Verkehrsgesellschaft, Harzer Schmalspurbahnen, Hessische Landesbahn, Regionalbahn Kassel, SWEG Schienenwege Die Deutsche Bahn hat kein Stellwerk dieser Bauform im Bestand.

Bauform El T (TMC RaStw)

Die Firma Tiefenbach ist durch elektrisch ortsgestellte Weichen und andere Rangiertechnik bekannt geworden. Die heutige Pintsch GmbH - Vorläufer waren die Pintsch Tiefenbach GmbH und Tiefenbach GmbH - stellt seit fast 30 jahren elektronische Stellwerke für den Rangierbetrieb her und bezeichnet sie als TMC. 1998 nahm die Deutsche Bahn das erste Stellwerk dieser Bauform in Cottbus in Betrieb.

Um die Betriebsführung in Nebenbereichen zu automatisieren und zentralisieren kamen neben elektrisch ortsgestellen Weichen (EOW) in Ortstellbereichen zunehmend Rangierstellwerke (RaStw) zum Einsatz.

Wegen der vereinfachten betrieblichen Bedingungen wie niedrige Fahrgeschwindigkeiten, keine Gefährdung von Reisenden ist für Rangierstellwerke ein abgestuftes Sicherheitsniveau möglich. TMC RaStw kommen zur Anwendung, wo signalisierte Rangierfahrten dem freien Rangieren mit EOW vorzuziehen ist. Das trifft insbesondere für

- Abstell- und Behandlungsanlagen (Depots)
- Verladegleise in Güterterminals
- Güterverkehrs- und Abstellbereiche in Bahnhöfen
- Ein- und Ausfahrgleise in Rangier- und Übergabebahnhöfen
- Kernbereiche in Industriebahnen

zu.

Inzwischen ist die Technik zum TMC RaStw 2.0 weiterentwickelt. Dazu gehört auch ein integriertes Achszählsystem und eine Vernetzung mit dezentralen Bedieneinrichtungen. Pintsch bezeichnet den neuen Typ als Pinmovio 400.

Bauform El W (WESTRACE)

Zum Beginn des 21. Jahrhunderts entwickelte die Signalbaufirma Westinghouse Rail Systems Ltd. (WRSL) unter Einsatz des Sicherheitsprozessors WESTRACE (WESTinghouse Train Radio and Advanced Control Equipment) ein neues validiertes Stellwerkssystem für den deutschen Markt.

Dieses System kam erstmalig auf der Strecke Kiel—Bad Schwartau zum Einsatz. Ziel war es mit der Pilotanlage von Westinghouse Rail Systems

Zur Technik von Pintsch (vorm. Tiefenbach) gehören neben den RaStw auch solche Stelltafeln für Fahrwege in Ortsstellbereichen. Über diese Tafel im Bereich Köln-Godorf (Häfen und Güterverkehr Köln) können Fahrwege im Rangierbahnhof Köln-Godorf Hafen eingestellt werden. Dort kommen neben dieser EOW-Anlage noch zwei weitere und ein TMC RaStw zum Einsatz.

Foto: Jürgen Krebs

mehere neue Wettbewerber für den deutschen ESTW-Markt zu finden. Die Anlage blieb jedoch bei DB Netz immer ein Einzelstück. Die WESTCAD -Bedienzentrale befand sich in Lübeck in einem Gebäude mit dem Streckenstellwerk Süd und der ESTW-UZ Lübeck Hbf (beide SIMIS C).

Vor der Inbetriebnahme im Dezember 2004 fand von Februar bis Mai 2004 ein Probebetrieb des Stellwerks ohne Sicherheitsverantwortung, parallel zu den noch in Betrieb befindlichen Altstellwerken statt. Daran waren 8 ESTW-A in den Betriebsstellen der Strecke angeschlossen.

Die Außenanlagen wiesen allerdings nicht auf ein ESTW von Westinghouse hin. Sie stammten von SEL/ Alcatel.

Das Stellwerkssystem WESTRACE bestand im Kern aus einem Sicherheitsprozessor, der frei konfigurierbar war. Der Sicherheitsprozessor war ein hoch modulares System. Es verarbeitete sicherheitsrelevante Informationen, steuerte direkt signaltechnische Anlagen und konnte auch zur sicheren und nicht sicheren Kommunikation verwendet werden.

Westinghouse und drei weitere auf signaltechnische Anlagen spezialisierte Unternehmen der Invensis Group hatten WESTRACE gemeinsam entwickelt. Das System wird in vielen Ländern, wie Großbritannien, Irland, Spanien, Portugal, Norwegen, Australien, Malaysia und Indonesien eingesetzt. Dabei hat es sich in Projekten für Haupt- und Nebenbahnen sowie Metro, U- und S-Bahnen bewährt.

Westinghouse war das größte Unternehmen für Signaltechnik und Steuerungstechnik in Großbritannien. Die 2009 in Invensys plc umbenannte Westinghouse Rail Systems Ltd. bestand bis 2013 und wurde von Siemens Mobility übernommen.

Im September 2021 ging das ESTW wieder außer Betrieb. Es wurde durch ein El L (ESTW L90) ersetzt.

Wichtigste Eigenschaften der elektronischen Stellwerke (Auszug) nach [12]

Bauform	El S (SIMIS-C)	El L (L90)	EBI LOCK
Hersteller	Siemens	SEL/Thales	ABB, Adtranz
1. Allgemeines			
Entwickelt auf Initiative von...	Hersteller	Hersteller	Hersteller und Kunden
Komplexität	hoch	hoch	mittel
Einsatzländer	Deutschland, Schweiz, Österreich, Niederlande, Finnland	Deutschland, Spanien	Deutschland, Schweden, Finnland, Dänemark, Bulgarien
2. Hardware			
Stellentfernung maximal [km]	6,5	6,5	< 1
Peripherierechner in der Außenanlage	nein	nein	ja
Zentralrechner in nicht klimatisierter Umgebung	nein	nein	ja
Bedienrechner sicher durch...	2 v 3 mit Hardwarevergleich	2 v 3 mit Hardwarevergleich	Bestandteil des Zentralrechners
Konfiguration des Zentralrechners	2 x (2 v 2)	2 v 3	1 v 2
Zentralrechner sicher durch...	2 v 2 mit Hardwarevergleich	2 v 3 mit Softwarevergleich	Zweikanalige Software
Peripherierechner sicher durch...	2 v 2 mit Hardwarevergleich	2 v 3 mit Softwarevergleich	Zweikanalige Software
Interne Kommunikation	1 v 2	1 v 2	1 v 2 durch Schleife
3. Software			
Fahrstraßenlogik	Spurplan	Verschlussplan	Verschlussplan
Aufwand für Veränderungen des Bahnhofs	Klein	Klein – mittel	Mittel
Aufwand für Anpassung an andere Bahnverwaltungen	Groß	Mittel – groß	Klein – mittel
4. Bedienung und Anzeige			
Sichere Eingabegeräte	Taste für Kommandofreigabe ab BPS 901 als Bedienfläche KF1 / KF2 in Grafiktablett bzw. Bildschirm integriert	Taste für Kommandofreigabe ab BOL ISA als Bedienfläche KF1 / KF2 integriert	Keine
Weitere Eingabegeräte	Keybord, Grafiktablett (ab 1998 auch Maus)	Keybord, Grafiktablett (ab BO L ISA [ca. 2000] auch Maus)	Keybord, Maus
Sichere Ausgabegeräte	Monitor, Meldetafel, Videoprojektion	Monitor, Meldetafel, Videoprojektion	Keine
Weitere Ausgabegeräte	Monitor, Drucker, Videoprojektion	Monitor, Drucker, Videoprojektion	Monitor, Meldetafel, Videoprojektion

Die Fahrdienstleiterin in Korbach bedient das Stellwerk ZSB 2000 für die Bahnhöfe Usseln und Willingen, die im SZB-E betrieben wurden (2004). Das ESZB lief im Sommer 2004 noch im Probebetrieb. Für den Bahnhof Korbach stand hinter ihr das elektromechanische Stellwerk der Bauform E 43/50. Bereits im November 2009 erweiterte die Kurhessenbahn die Anlage und stellte sie vom SZB-E auf Betrieb nach Fahrdienstvorschrift DB um. Heute werden 12 Betriebsstellen von der ZSB 2000-Zentrale der Kurhessenbahn in Kassel Hbf gesteuert. *Foto: Erich Preuß*

Bauform El S&B / ESZB S&B (ZSB 2000)

Mit dem ZSB 2000 (Zugsicherungssystem Scheidt & Bachmann 2000) wurde eine Signaltechnik speziell für die Regionalstrecken entwickelt. Es kommt bei verschiedenen Infrastrukturbetreibern in Deutschland, Österreich, Polen und Luxemburg zum Einsatz.

Scheidt & Bachmann, bekannt als langjähriger Lieferant für Bahnübergangssicherungsanlagen, Fahrkarten- und Tankstellenautomaten, entwickelte das System zunächst nur für Strecken, die im Signalisierten Zugleitbetrieb mit elektronischem Stellwerk (SZB-E) betrieben werden. 2005 wurde die Pilotanlage auf der Strecke Korbach—Brilon Wald in Betrieb genommen.

Unterschieden wird in Deutschland heute nach zwei Varianten der Betriebsführung. Die Bauform wird im klassischen ESTW-Betrieb nach Fahrdienstvorschrift als "El S&B" sowie als "ESZB S&B" für den Betrieb im SZB-E. Dabei steht die Bauform Bezeichnung ESZB für Elektronisches Stellwerk für den signalisierten Zugleitbetrieb.

Mit dem ZSB 2000 ist eine kostengünstige, modular aufgebaute Leit- und Sicherungstechnik, gezielt für den Betrieb von Haupt- und Nebenbahnen mit Geschwindigkeiten von bis zu 120 km/h entwickelt worden. Sie umfasst auch Funktionalitäten wie Streckenblock, Erlaubniswechsel, Gleisfreimeldung sowie die Fahrstraßenlogik. Das ZSB 2000 besteht aus einer Dispositions- und Diagnose-Ebene sowie einer signaltechnisch sicheren Ebene.

Die signaltechnisch sichere Ebene wird aus den Komponenten Leitebene und Feldebene gebildet. Letztere bindet die Außenelemente, wie

An der ÖBE, wie hier für die Ausfahrsignale 12N1 und 12N3 in Kamenz, können Störungen abgelesen, Hilfshandlungen vorgenommen und Fahrstraßen angefordert werden. (September 2009) Foto: Jürgen Krebs

Weichen, Signale und Achszähler, an die Leitebene an. Die Sicherheit wird somit in die Betriebsstelle selbst gelegt, wodurch ein modularer Aufbau ermöglicht wird und ein entsprechendes Rückfallkonzept eingesetzt werden kann.
So können einzelne Betriebsstellen schrittweise zu einem Stellbereich zusammengeschaltet werden.
Die dispositive Ebene wird aus einem Stationsrechner (STA) je Betriebsstelle und einem zentralen Bedienplatz gebildet. Der zentrale Bedienplatz kann aus einem Rechner oder aus mehreren verteilten Rechnersystemen gebildet werden. Ein zentraler Streckenrechner (STRe) dient als Kommunikations-Server, auf dem alle betriebsstellenübergreifenden Applikationen wie die Zugnummernmeldeanlage laufen. Der Streckenrechner stellt alle Daten für die Bedienung und Anzeige der Betriebsstellen an einem oder mehreren Bedienplatzrechnern (BPR) zur Verfügung.
Die dispositive Ebene entspricht einer Fernbedienung für die sichere Stellwerkstechnik (Leit- und Feldebene) auch Leit- und Bediensystem (LBS) genannt.
Stellbefehle werden vom zentralen Bedienplatzrechner (BPR) an den Streckenrechner (STRe) und über die Stationsrechner (STA) an die entsprechende signaltechnisch sichere Ebene übermittelt. Diese prüft die Zulässigkeit der Befehle und veranlasst und überwacht entsprechende Zustandsänderungen der Außenelemente. Die Quittung der Bedienkommandos und die Zustände der Betriebsstellen-Elemente werden am BPR angezeigt.
In einigen Situationen ist es notwendig, dass die Anzeige am zentralen BP zur Auswertung der Elementzustände gesichert wird. Diese Anzeigesicherung (ANSI) wird durch den Vergleich des Anzeigebildes mit einem Referenzrechner, hier dem Stationsrechner der Betriebsstelle, realisiert. Die signaltechnisch sichere Ebene wird zum Vergleich der beiden Anzeigebilder verwendet. Das Ergebnis des Vergleichs wird am zentralen Bedienplatz angezeigt.
Für Hilfshandlungen, Hilfsumgehungen, Sperrumgehungen und einige andere Befehle ist es notwendig, dass die Bedienkommandos gesichert werden. Die Eingabesicherung (EISI) wird über ein Codeverfahren realisiert. Dieses Codeverfahren wurde für die Örtliche Bedieneinrichtung (ÖBE) an den Ein- und Ausfahrsignalen entwickelt. Mit dieser Bedieneinrichtung ist es möglich, abweichend vom Regelbetrieb, in Kooperation mit einem Fahrdienstleiter oder Zugleiter die Betriebsstelle von einem Triebfahrzeugführer bedienen zu lassen.
Durch die Weiterentwicklung des Bedienverfahrens der ÖBE ist es nun auch möglich, bestimmte Bedienungen analog auf dem Bedienplatzrechner (BP) durchzuführen. Für jede Betriebsstelle kann eine so genannte Örtliche Bedieneinrichtung - Bedienplatzrechner (ÖBE-BP) aufgeschaltet werden, mit der man in der Lage ist, gesicherte Eingaben aus der »Ferne« durchzuführen.
Darüber hinaus liefert der Bereich Signalling Systems von Scheidt & Bachmann auch digitale Stellwerke und Bahnübergangstechnik. sowie ein integriertes Bediensystem (iBS), mit dem die Stellwerke verschiedener Hersteller bedient werden. Seit dem Pilotbetrieb im Jahr 2020 hat sich das integrierte Bediensystem iBS auf mehreren deutschen Strecken bewährt. Nennenswert sind ESTW Harz-Weser, DSTW Kleve, Bedburg-Hau, Goch, Kevelaer, Nieukerk, Kempen, ESTW Sondershausen, SIMIS D in Göttingen

Weiterhin liefert Signalling Systems auch ein Trainingssystem zur Betriebs- und Stellwerkssimulation (BEST).

Bauform SIG L 90

SIG L 90 ist eine Stellwerksbauform (Fernwirksystem), die für den Signalisierten Zugleitbetrieb entwickelt wurde. Dabei handelt es sich um einen PC mit alphanumerischer Tastatur zur Fahrsraßenanforderung und einen Farbmonitor als Grundelemente. Auf dem Monitor sind die Hauptgleise der zugehörigen Strecke einschl. Anschlussstellen / Ausweichanschlussstellen dargestellt. Farbig angezeigt werden eingestellte und belegte Fahrstraßen und die Hauptsignale. Vor dem Anreizen einer Fahrstraße hat der Zugleiter die Möglichkeit seine Eingabe auf dem Monitor noch einmal zu überprüfen, denn eine einmal eingestellte Fahrstraße kann nicht zurückgenommen werden.

Die Zugfolge auf der Zugleitstrecke einschließlich der unbesetzten Unterwegsbahnhöfe regelt der Zugleiter über ein Fernwirksystem. Die Fahrerlaubnis erhält der Triebfahrzeugführer während des Haltens über Funk.

Die örtliche Bahnhofstechnik basiert auf der Bauform MC L84. Darauf aufgesetzt ist ein einfaches Fernwirksystem, das vom Zugleiter über ein Rechnersystem bedient wird. SEL verwendete eine durchgehende Gleisfreischaltung durch Achszählkreise.

SIG L 90 besteht aus der Zugleitzentrale und bis zu acht Unterwegs-Betriebsstellen, die über Datenkanäle - auch über Freileitungen geführt - mit der Zentrale verbunden sind.

Da die Anzeigen des Systems wegen der Einkanaligkeit nicht signaltechnisch sicher sind, wird im Störungsfall auf die Regeln des Zugleitbetriebs zurückgegriffen. Teilweise kann der Zugleiter das örtliche Personal beauftragen, die gewünschte Fahrstraße vor Ort per Schlüsselschalter anzustoßen, wenn die Fernbedienung nicht erfolgreich war.

Erstmals wurde dieser Stellwerktyp auf der Nagoldbahn Unterreichenbach—Nagold angewendet.

Ausblick

Inzwischen zeichnen sich völlig neue Entwicklungsstufen ab, die mit herkömmlichen, bisher bekannten Stellwerken nicht mehr viel gemein haben. In einer nächsten Entwicklungsstufe soll das ESTW nicht mehr »digital« (DSTW), sondern »advanced« sein und nennt sich Advanced Protection System (APS). Das betrifft vordergründig die Stellwerkslogik, die bisher in der ESTW-Zentrale (ESTW-Z) bearbeitet wurde. Die Ansteuerung der zukünftig verbleibenden Feldelemente erfolgt weiterhin über Bus- und Energieleitungen im Feld über EULYNX-Schnittstellen [4].

Eine bedeutende Änderung in der Logik ist die Abkehr vom Fahren im festen Raumabstand und damit der infrastrukturellen Betrachtung der Zugfolgesicherung, hin zu einer zugzentrischen Betrachtung. Als zentrales Sicherungsobjekt anstelle des festen Raums (z. B. Blockabschnitt) wird das sogenannte Movable Object [5] (MOB) treten. Diese Abstraktionen von Zügen. Flanken-, Folge- und Gegenfahrschutz werden durch Betrachtungen auf der Topologie (Ausschluss von Überlappungen) dieser MOB und der zugehörigen Fahrterlaubnis (Movement Permission [MP]) erreicht. Aus Sicht der Sicherungslogik in APS ist jedes beliebige Ziel akzeptabel, sofern die grundlegende Sicherheit der Fahrt erfüllt ist. Neben der Weiterentwicklung von Funktionalitäten ist ein großer Vorteil von APS, in die Umsysteme wie ETCS und ATO (Automatic Train Operation – automatisches Fahren) besser eingebettet zu sein. [21]

In Kombination mit digitalen Umsystemen wird die klassische Zugsteuerung eine rückläufige Tendenz aufweisen.

So wird der Begriff Stellwerk in absehbarer Zukunft als eine ortsfeste Anlage zur Steuerung des Bahnbetriebes nur noch historisch zu betrachten sein. Auch bei digitaler Euphorie wird das Rad-Schiene-System immer ein analoges System bleiben. Gerade winterliche Witterungsverhältnisse, die der früheren vollständig analogen Eisenbahn nichts anhaben konnten, treten den Beweis dafür an. - Slogan der DB von 1966: »Alle reden vom Wetter. Wir nicht.«

4 EULYNX ist eine Organisation von inzwischen 18 europäischen Eisenbahninfrastrukturunternehmen zur Entwicklung und Bereitstellung einheitlicher Industriestandards für neue modulare Stellwerkstechnik.

5 »bewegliches Objekt«

Zwischen beiden Stellwerken liegen Welten - aber keine zeitlichen. Stellwerk »Klb« in Kassel Hbf (oben) wurde nach den Bombenangriffen vom Oktober 1943 noch im Jahr 1943 mit Hilfe des Stellwerkswagens Wuppertal 9285 der Signalwerkstätte Wuppertal als elektromechanisches Stellwerk behelfsmäßig wieder aufgebaut. Im März 2009 erhielt der aufgebockte Wagen - eine ehemalige "Donnerbüchse" - eine Leichtmetallverkleidung. Es war bis Februar 2024 mehr als 80 Jahre in Betrieb. Provisorien halten eben länger.

Das Stellwerk »Hpf« in Hagen Hbf (unten) kam 2013 wesentlich moderner daher. Es war in den 1980er Jahren als Spurplanstellwerk Sp Dr S600 geplant, 1995 aber als elektronisches Stellwerk in SIMIS-C-Technik in Betrieb genommen. Der Stellbezirk ist in 6 Fahrdienstleiterbereiche mit entsprechenden Bedienplätzen aufgeteilt.

Fotos: Jürgen Krebs

Quellenverzeichnis

[1] Naumann, Peter; Pachl, Jörn: Leit- und Sicherungstechnik im Bahnbetrieb, Hamburg 2002
[2] Arnold,Hans-Jürgen; Naumann, Peter: Stellwerksdienst A – Z, Berlin 1986
[3] Daten & Fakten, herausgegeben von der Deutschen Bundesbahn bzw. der Deutschen Bahn sowie Infrastrukturkataster (bis 2024)
[4] Holger Kötting: Stellwerke, in: www.stellwerke.de
[5] Franz Czygan: Die Eisenbahn in Wort und Bild, Nordhausen o. J.
[6] Die Bautechnik, Berlin 1924
[7] Dr.-Ing. Ludwig Wehner: Das Stellwerk SpDrS 600, in: Signal + Draht, Hamburg 1978
[8] Wolfgang Kusche: Gleisbildstellwerke, Berlin 1984
[9] Der Rangierbahnhof und seine technische Ausrüstung, Starnberg 1965
[10] Erich Schuster, Heinrich Walter: Stellwerke für Überleitstellen an Neubaustrecken, MC L 84-N, in: Signal + Draht, Hamburg 1987
[11] Jürgen Stapf: Mechanisches Stellwerk, Berlin 1981
[12] Ulrich Maschek: Diplomarbeit zum Thema »Analyse zur Gestaltung elektronischer Stellwerke«, Magdeburg 1996
[13] Sigurd Mura: Einbindung vorhandener Stellwerke in Betriebszentralen. In: Signal + Draht, Hamburg 1999
[14] Autorengruppe: Das Modulare Compact-Stellwerk MC L 84. In: Signal + Draht, Hamburg 1985
[15] Bahnhofsplanbücher der Reichsbahndirektionen
[16] Arbeitskreis Stellwerk e.V.: www.stellwerke.info
[17] Jürgen Krebs: Blocksignal frei - Aspekte des Bahnbetriebes im Spiegelbild zwischen Organisation und Technik in mehr als 180 Jahren Eisenbahn, Band 1 und 2; Barby (Elbe) 2022 / 2024
[18] Wolfgang Staab: Geschichte der Eisenbahnsicherungstechnik deutscher Staatsbahnen, Band 1 und 2; Peine 2021 / 2022
[19] Das Stellwerk / Zeitschrift für das gesamte Eisenbahn-Sicherungswesen / Signal und Draht; verschiedene Jahrgänge, Berlin / Frankfurt a. M. / Darmstadt / Hamburg 1906 - 2020
[20] Signal und Schiene, Fachzeitschrift für den Eisenbahnbau und das Sicherungs- und Fernmeldewesen; verschiedene Jahrgänge, Berlin 1957 - 1990
[21] Sélley / Krahl / Maschek: ETCS und DSTW auf Regional- und Nebenbahnen, Deutsches Zentrum für Schienenverkehrsforschung, Bericht 58 (2024)
[22] Betriebstellenbuch des Steuerbezirks Betriebszentrale Magdeburg, gültig ab 16. November 1995
[23] Jürgen Krebs: Eisenbahndirektion Magdeburg 1880 - 1931 und 1945 - 1990 mit Braunschweigischer Eisenbahndirektion 1837 - 1886; Barby (Elbe) 2020